全褐牛肝菌

臭红菇

竹荪

稀褶乳菇

红顶粉丛枝

喇叭菌

野生菌——树舌

橙盖伞

纵耳菌

食用菌制种技术

汪昭月　编著

金盾出版社

内 容 提 要

本书由上海市农科院食用菌研究所汪昭月副研究员编著。内容包括：食用菌的基础知识，食用菌制种的物资准备，食用菌制种技术，食用菌菌种鉴定与保藏，食用菌菌种选育5章。全书内容丰富，技术先进。适合食用菌制种厂、生产场、专业户，部队农副业生产人员，农业技术员阅读。

图书在版编目(CIP)数据

食用菌制种技术/汪昭月编著. —北京：金盾出版社，1996.2

ISBN 978-7-5082-0133-7

Ⅰ. 食…　Ⅱ. 汪…　Ⅲ. 食用菌类-制种-技术　Ⅳ. S646

金盾出版社出版、总发行

北京太平路5号(地铁万寿路站往南)

邮政编码：100036　电话：68214039　83219215

传真：68276683　网址：www.jdcbs.cn

彩色印刷：北京金盾印刷厂

黑白印刷：北京2207工厂

装订：第七装订厂

各地新华书店经销

开本：787×1092 1/32　印张：5.125　彩页：4　字数：107千字

2008年7月第1版第7次印刷

印数：116001—124000册　定价：8.00元

目　录

第一章　食用菌的基础知识

一、食用菌的分类地位

(一)食用菌在生物界中的位置

食用菌在生物分类中位于有细胞结构生物的真核生物，属真菌门，绝大多数种属于担子菌纲，有少数种属于子囊菌纲。担子菌纲是指有性孢子外生在担子上的菌类，子囊菌纲是指有性孢子内生在一个囊状细胞即子囊内的菌类(图 1-1)。

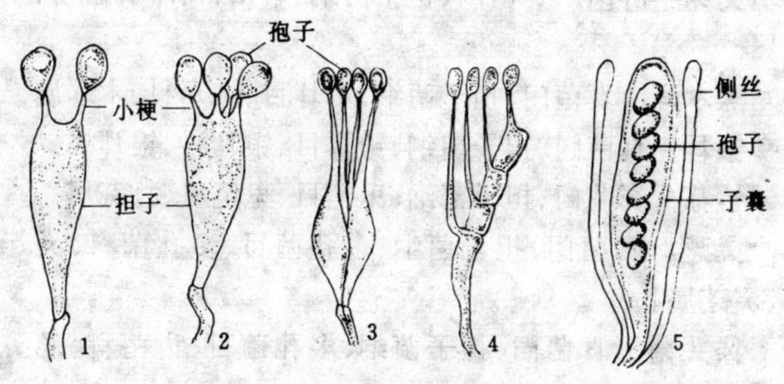

图 1-1　担子及子囊　(仿应建浙等)

1,2. 担子(无隔)　3. 具纵隔　4. 具横隔　5. 子囊及子囊孢子

（二）主要食用菌的分类地位

蘑菇 真菌门、担子菌纲、伞菌目、伞菌科、蘑菇属。

香菇 真菌门、担子菌纲、伞菌目、口蘑科、香菇属。

平菇 真菌门、担子菌纲、伞菌目、口蘑科、侧耳属。

金针菇 真菌门、担子菌纲、伞菌目、口蘑科、金钱菌属。

蜜环菌 真菌门、担子菌纲、伞菌目、口蘑科、蜜环菌属。

松口蘑 真菌门、担子菌纲、伞菌目、口蘑科、口蘑属。

鸡纵菌 真菌门、担子菌纲、伞菌目、口蘑科、白蚁菌属。

花脸蘑 真菌门、担子菌纲、伞菌目、口蘑科、香蘑属。

元蘑 真菌门、担子菌纲、伞菌目、口蘑科、亚侧耳属。

草菇 真菌门、担子菌纲、伞菌目、光柄菇科、小包脚菇属。

滑菇 真菌门、担子菌纲、伞菌目、丝膜菌科、鳞伞属。

美味牛肝菌 真菌门、担子菌纲、伞菌目、牛肝菌科、牛肝菌属。

黑木耳 真菌门、担子菌纲、木耳目、木耳科、木耳属。

银耳 真菌门、担子菌纲、银耳目、银耳科、银耳属。

竹荪 真菌门、担子菌纲、鬼笔目、鬼笔科、竹荪属。

灵芝 真菌门、担子菌纲、多孔菌目、多孔菌科、灵芝亚科、灵芝属。

猴头菌 真菌门、担子菌纲、多孔菌目、齿菌科、猴头菌属。

牛舌菌 真菌门、担子菌纲、非褶菌目、牛排菌科、牛排菌属。

羊肚菌 真菌门、子囊菌纲、盘菌目、马鞍菌科、羊肚菌属。

块菌 真菌门、子囊菌纲、块菌目、块菌科、块菌属。

二、食用菌的形态结构

食用菌是一类可供人们食用的大型真菌，它的基本形态结构包括营养体和子实体两大部分。

（一）营养体——菌丝

大型真菌典型的营养体呈丝状，它们在培养基上吸收养分，向各个方向延伸、分支、生长。每一根细丝称菌丝，这种单根菌丝无色透明，肉眼不易看见。许多的分支丝状菌丝集结在一起称菌丝体，它就是平时人们肉眼所见的丝状体。

菌丝是一条透明的管状物。大多数大型真菌的菌丝都有横隔膜将菌丝分成许多间隔，这种有间隔的菌丝称有隔菌丝。所有食用菌的菌丝都为有隔菌丝（图 1-2）。

菌丝是由孢子萌发而来。孢子萌发有两种形式：一种是直接萌发。孢子萌发时先吸水膨大，随后长出芽管，芽管不断分支伸长而形成菌丝体，这是大多数食用菌孢子萌发的方式；另一种是间接萌发。孢子萌发时先形成分生孢子（银耳芽孢），再由分生孢子萌发成菌丝体。食用菌的菌丝都是多细胞的，每个细胞都有细胞壁、细胞质和细胞核。食用菌的菌丝细胞中细胞核的数目不一。通常子囊菌的菌丝细胞中含一个或多个核，担子菌的菌丝细胞大多为两个核，每个细胞中含有两个核的菌丝称为双核菌丝。双核菌丝是大多数食用菌的基本菌丝形态。

大部分食用菌的双核菌丝上常有锁状联合结构，这是大部分担子菌在双核菌丝阶段进行细胞分裂时形成的一个锁状突起（图 1-3）。通过锁状联合，一个双核细胞分裂成两个双核

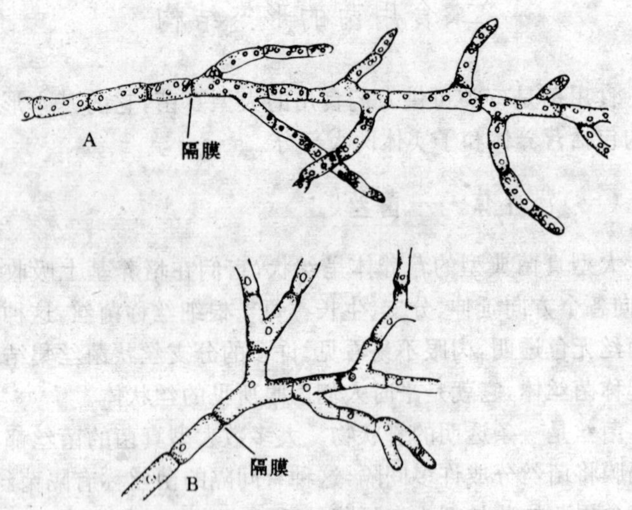

图 1-2　真菌菌丝

A. 有隔多核菌丝　B. 有隔单核菌丝

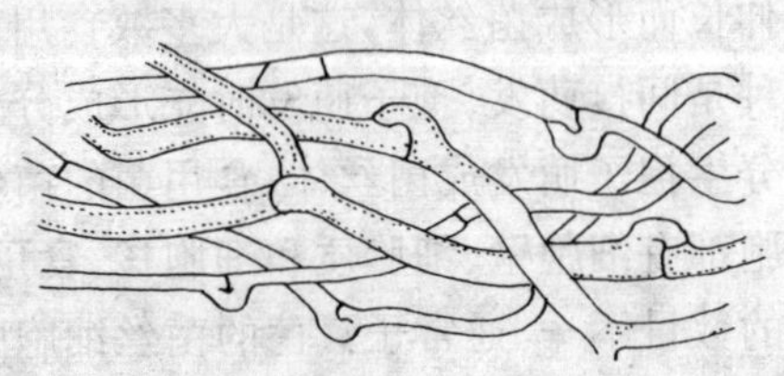

图 1-3　菌丝锁状联合结构

细胞。锁状联合现象一般只存在于担子菌中，尤其是香菇、鬼伞、平菇中最为常见，但这并不意味着所有担子菌纲中的真菌都有锁状联合，更不能认为有锁状联合的一定是担子菌。

食用菌的菌丝不含叶绿素、叶绿体或其他光合作用结构，不能进行光合作用，因此只能利用有机物和各种无机物来合成它们自身需要的物质。这些营养物质的获取是靠菌丝体与培养基紧密接触时，菌丝顶端分泌各种胞外水解酶在基质表面扩散，将大分子碳、氮源及必需元素降解成微小的可溶性分子或离子，使之能自由地通过细胞壁，为质膜所吸收，进入菌丝细胞内营造自身，故菌丝为营养器官。但有些真菌的菌丝体与某些高等植物的根系形成内生菌根或外生菌根（如牛肝菌属、红菇属等）来获取营养。

有些真菌的菌丝体会发生变态，常密集成索状或块状，形成菌索、菌核、子座。这是对不良环境的一种适应形式。

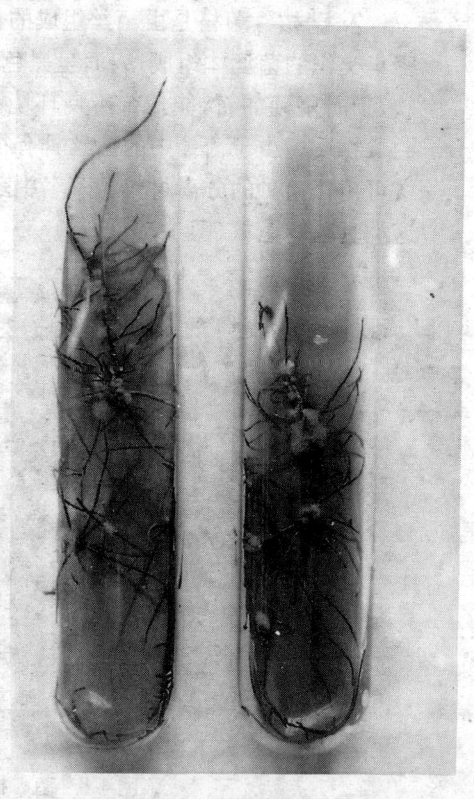

图 1-4　蜜环菌菌索

1. **菌索**　菌索是由某些真菌的菌丝体组成，形状像绳索。蜜环菌、发光假蜜环菌、小皮伞等都是著名的菌索产生菌。菌索由菌髓和菌鞘两部分组成，菌髓是白色的拟薄壁细胞。菌索表面是由排列紧密的菌丝联合而成，呈深褐色，常角质化，对不良环境有较强的抵抗力。菌索一般很长。如安络小皮伞的菌索长达 100 厘米以上，但极细，直径仅0.5～1毫米。蜜环菌和发光假蜜环菌的菌索在生长时，会发生波长约530微米的蓝绿色荧光。菌索的生长活力与荧光强度成正比。菌索老熟时不再发光，因此，我们可以根据菌索能否发光或发光强弱来判断菌索的死活及其生长强度（图1-4）。

2. 菌核 菌核是由菌丝组成的休眠体。它的外壳主要由密集交织的菌丝体组成，表面呈黑色、深褐色，多皱，新鲜时松软，干时坚硬如石，能抵御不良环境；菌核的中央多为粉质的贮藏物质。由于菌核中的菌丝具有很强的再生能力，因此，菌核可用作菌种的分离材料。著名中药材茯苓、猪苓、雷丸都是这类真菌的菌核（图1-5）。

图1-5 菌 核

左：猪苓 中：茯苓 右：雷丸

3. 子座 有的真菌的菌丝体会形成棒状的子座，如名贵的中药材冬虫夏草（图1-6）、蝉花、蛹草等。

（二）子实体

食用菌的子实体俗称菇、耳、蕈等。它是肥大多肉的组织，是产生孢子的场所，也是人们食用的部分。任何子实体都是由已经分化的菌丝体交织而成的。

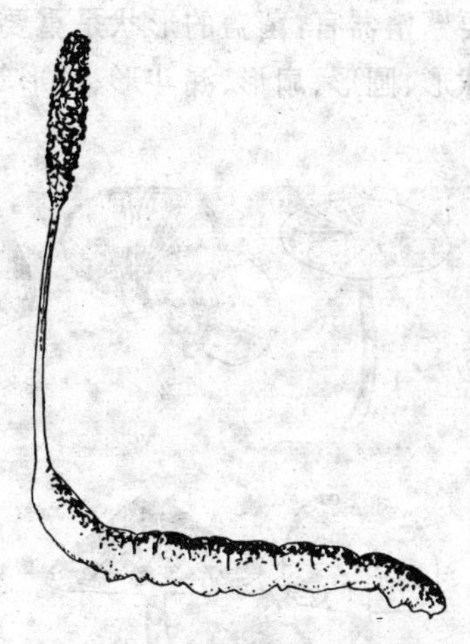

图 1-6 冬虫夏草的头生子座

食用菌子实体的形状多种多样，有头状、花朵状、耳状、珊瑚状及伞状等等，其中以伞状为最多。现以伞状菌为例介绍它的基本形态结构。伞状菌的子实体由菌柄、菌盖、菌褶组成，有的还有菌环与菌托（图 1-7）。

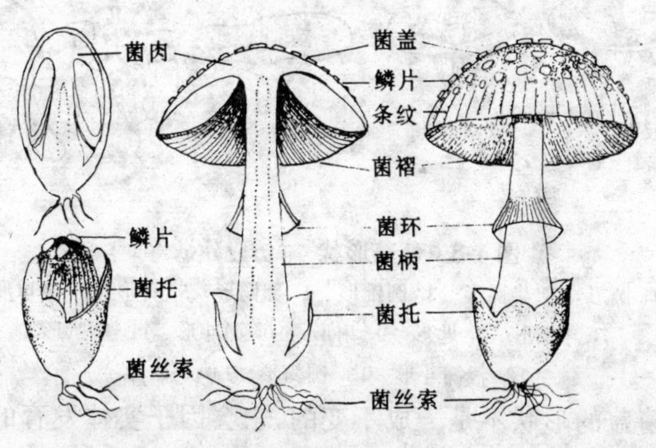

图 1-7 伞菌子实体形态结构示意图 （仿应建浙等）

1. **菌盖**　菌盖是人们食用的主要部分，也是食用菌的主要繁殖器官。菌盖的形状是重要的分类依据，常见的形状有半球形、圆形、扇形、漏斗形、钟形等(图 1-8)。

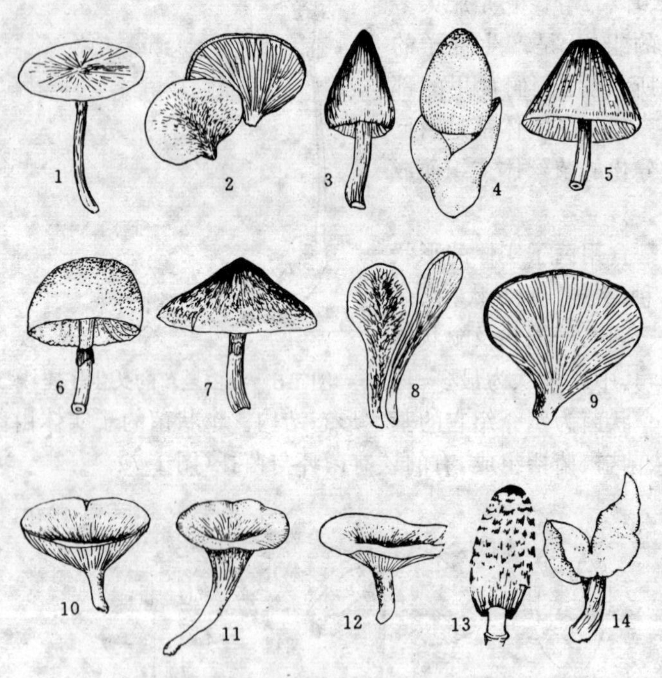

图 1-8　菌盖形状　(仿应建浙等)

1. 圆形　2. 半圆形　3. 圆锥形　4. 卵圆形　5. 钟形　6. 半球形　7. 斗笠形　8. 匙形　9. 扇形　10. 漏斗形　11. 喇叭形　12. 浅漏斗形　13. 圆筒形　14. 马鞍形

菌盖的形状不是一成不变的，它会因子实体发育的不同阶段和随环境条件的改变而变化。如草菇，在菌膜未破以前呈卵形，开始破膜为钟形，完全破膜展开后呈斗笠状；又如灵芝，在人工栽培的正常情况下子实体呈肾形，而当室内通气量不够，二氧化碳浓度累积过高、湿度不够时常呈鹿角形。

菌盖边缘的形状，幼小时与成熟时完全不同。初期为内卷，随着成熟度提高，菌盖平展甚至向外翻卷，如香菇、金针菇。

菌盖的颜色有黄、白、褐、红、灰、绿、紫等色，也是重要的分类依据。如蘑菇为乳白色，香菇为褐色，草菇为鼠灰色，金针菇为白色或黄色等。菌盖的颜色会随着栽培环境条件和不同发育阶段而变化。如香菇，在光线阴暗的环境中，菌盖颜色较光线明亮条件下要淡得多，有的甚至近乎白色。又如草菇，在菌蛋阶段颜色很深，呈深褐色近乎黑色，随着成熟度的增加菌盖颜色逐渐变淡。

菌盖上的菌肉是长在菌盖皮下的松软部分，由生殖菌丝和联络菌丝组成，菌肉菌丝一般呈放射状排列和扩展。食用菌的菌肉大多数为白色，受伤后也不变色。但部分食用菌受伤后菌肉会变色，如蓝圆孔牛肝菌和小美牛肝菌的菌肉受伤后变成蓝色，松塔牛肝菌的菌肉受伤后变成黑色，铜式牛肝菌的菌肉受伤后变成淡黄色，黑乳菇的菌肉受伤后变成红色至紫红色等。

大多数食用菌的菌盖表面是光滑的，有的有纤毛，有的较干爽，有的湿润，有的甚至粘滑，如滑菇。

2. 菌褶或菌管 菌褶生长在子实体菌盖的下方，是伞菌着生孢子的片状物，基本上呈辐射状生长。除它本身的颜色外，其色泽往往随着子实体的成熟度增加而表现出孢子的不同颜色。如双孢蘑菇幼时菌褶白色，不久渐渐变成粉红色，后又变成暗褐色至紫褐色，最后近乎黑色。有的菇类如香菇的孢子幼时至成熟，其颜色为白色始终不会变化。

菌褶与菌肉组织相连结，同时与菌柄相连。菌褶与菌柄的着生关系，不同菇类是不一样的，一般有 4 种类型：一是直生(贴生)型。菌褶的一端着生在菌柄上，如滑菇。二是弯生(凹生)型。菌褶与菌柄着生处有弯凹，如香菇。三是离生(游生)型。菌褶与菌柄不接触，游离，如草菇、双孢蘑菇。四是延生(垂生)型。菌褶内端沿菌柄下延，如侧耳(图 1-9)。

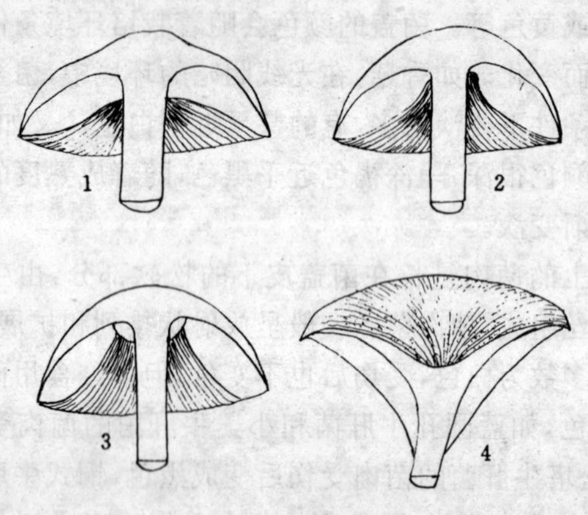

图 1-9 菌褶与菌柄着生情况

1. 直生 2. 弯生 3. 离生 4. 延生

菌褶上着生有无数的担孢子，它是一种具有繁殖功能的休眠细胞，在适宜的条件下能直接发育成新的个体。各种食用菌的孢子形状是不相同的，有椭圆形、球形、卵形、肾形、瓜子形、多角形等(图 1-10)。

孢子的个体极微小，单个孢子是无法用肉眼看见的，必须借助于显微镜把它放大几百倍才能看到。测量孢子的长度单位是微米，1 微米等于 1/1000 毫米，可见孢子之小。孢子的大

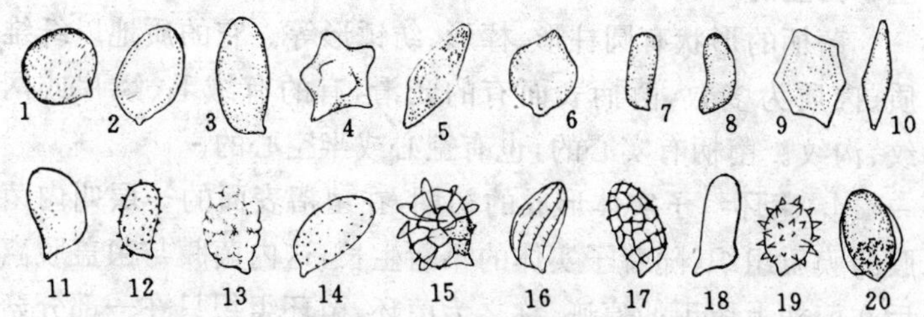

图 1-10 孢子形状及表面特征 （仿应建浙等）

1. 圆球形 2. 卵圆形 3. 椭圆形 4. 星状 5. 纺锤形
6. 柠檬形 7. 长方椭圆形 8. 肾形 9. 多角形 10. 梭形
11. 表面近光滑 12. 小疣 13. 小瘤 14. 麻点 15. 刺棱
16. 纵条纹 17. 网纹 18. 光滑不正形 19. 具刺 20. 具外孢膜

小一般在 5～10 微米×3～8 微米。人们平时看见的孢子是无数孢子的集积，会呈现各种颜色，如香菇孢子为白色，草菇孢子为红色，双孢蘑菇孢子为咖啡色等。

大多数食用菌的孢子是以自动弹射方式释放和靠风传播的，但也有少数食用菌孢子的传播方式比较特殊，且有趣。如鬼伞，当它成熟时，菌褶会自溶而进入土内，在土里墨汁状的孢子液靠雨水流到其他地方；又如竹荪，它的孢子是靠昆虫来传播的，子实体成熟时，产孢体会产生恶臭的粘液，在十几米外也能闻到，从而吸引一些蝇类来传播孢子，就像蜜蜂传播花粉一样。人们可以利用成熟孢子具有自动弹射的特性，人为地收集利用，使其在生产、科学研究上发挥作用。

3. **菌柄** 菌柄是连接和支撑菌盖的部分，起支撑作用。不同菇类的菌柄在菌盖上着生的位置不相同。双孢蘑菇、金针菇、草菇一类，它的菌柄着生于菌盖的中央，称之为中生；香菇的菌柄着生在菌盖的中央稍偏些，称为偏生；侧耳类的菌柄着生于菌盖的一侧，称之为侧生。

菌柄的形状有圆柱形、棒形、纺锤形等。它的质地以纤维质、肉质为多数，菌柄表面有的光滑，有的有绒毛、鳞片或网纹、沟纹。菌柄有实心的，也有空心或半空心的。

4. **菌环** 子实体形成的初期，在菌褶表面的一层叫内菌膜的膜质组织，随着子实体的不断生长，这内菌膜与菌盖脱离后在菌柄上留下的痕迹，称之为菌环。菌环组织只在一部分菇类中存在，如双孢蘑菇、蜜环菌、环柄菇等。

5. **菌托** 子实体形成初期，整个子实体被一层称外菌膜的组织包住，随着子实体的不断生长，这层外菌膜破裂，并留在菌柄的基部，这残留在菌柄上的外菌膜，称之为菌托。菌托组织也只存在于少数菇类中，如草菇、托柄菇、橙盖伞等。

三、食用菌的生活史及繁殖方式

（一）生活史

是指某种生物在其一生中所经历的生长发育和繁殖的全过程。以高等植物而言，它的生活史就是从种子发芽开始到下一代种子成熟告终。食用菌的生活史则是从孢子萌发开始，形成菌丝体，由这些菌丝体经过质配、核配等一系列过程后形成子实体，产生新一代的孢子，就完成了它的生活史。简单地说，生活史就是从孢子到新一代孢子形成的过程。

食用菌的一生，分为营养生长和生殖生长两大阶段。

1. **营养生长阶段（菌丝体阶段）** 食用菌的营养生长阶段是从孢子萌发开始到原基形成以前。

孢子萌发时，先吸水膨大后长出芽管，芽管不断分支伸长形成菌丝体。孢子首先形成单核菌丝(又称一次菌丝、初生菌丝、初级菌丝、同核菌丝),在这种单核菌丝细胞中只有一个单倍的细胞核。单核菌丝体中所有的细胞核都含有相同的遗传物质,它能独立地、无限地分支伸长。但其菌丝纤细,生长速度慢,不能形成锁状联合,为不孕菌丝。如将两个不同性状的单核菌丝放在一起,会进行质配(细胞质的交配),形成双核菌丝(也称二次菌丝、次级菌丝、异核菌丝)。这种菌丝粗壮,生长速度快,在菌丝细胞的每个横隔膜处通常会产生一个锁状联合的结构,同时在适宜的环境条件下能发育形成子实体。初级菌丝与次级菌丝的性状区别见表 1-1。

表 1-1 初级菌丝与次级菌丝的区别

性　　状	初级菌丝	次级菌丝
细胞核数目	1个	2个
锁状联合	无	有
菌丝生长速度	慢	快
色素	无	有
菌丝直径	细	粗
菌丝描述	疏松,呈棉絮状, 生长不均匀,	紧密,平伏, 生长均匀一致
出菇性状	不出菇(不孕菌丝)	出菇

2. **生殖生长阶段(子实体阶段)** 食用菌的菌丝体(双核菌丝)在适宜的环境条件下,如遇到低温、光或惊木、搔菌等刺激就会形成原基,继而原基发育成菇蕾,直至发育为成熟的子实体,这个发育过程称为生殖生长。一般来说,菌丝体阶段要比子实体阶段长些。

（二）繁殖方式

食用菌的繁殖首先要通过菌丝体阶段，只有当菌丝体生长成熟后才能进入子实体阶段，从而产生新的个体。食用菌的繁殖方式通常分为有性繁殖和无性繁殖两大类。

1. **无性繁殖**　无性繁殖是指细胞没有经过细胞核的交配而发生的繁殖方式，通常由产生的无性孢子及特殊的菌丝形态、菌体组织等来完成。用来完成无性繁殖而产生的孢子称无性孢子。分生孢子、粉孢子（节孢子）、厚垣孢子等属无性孢子。

（1）*分生孢子*　生在菌丝的顶端或侧边而不是形成在孢子囊里的无性孢子及由原有的菌丝细胞分裂成多数细胞而形成的孢子，通称为分生孢子。孢子有柄，称分生孢子梗。通常分生孢子一成熟就与孢子梗脱离。滑菇、平菇等产生分生孢子。

（2）*粉孢子*　分生孢子成熟时不与孢子梗脱离的称粉孢子。金针菇、黑木耳等产生粉孢子。

（3）*厚垣孢子*　它是一种休眠体，是由于菌丝体上的部分细胞的细胞质密集，因而形成了厚而坚韧的细胞壁而与菌丝分离开，形状多为圆形。草菇、香菇会产生厚垣孢子。

2. **有性繁殖**　是指通过两个性别不同的生殖细胞结合来产生新的个体过程。有性繁殖所产生的子代兼有双亲的遗传特性，比无性繁殖所产生的新个体生活力强，但变异性大。担子菌纲食用菌有性繁殖方式可分为以下两大类：

（1）*同宗结合*　也称“雌雄”同体、自交可育。这类食用菌只需同一担孢子萌发生成的初生菌丝自行交配，就有产生子实体的能力。担子菌中只有10%左右的食用菌属同宗结合方式繁殖后代。

同宗结合的食用菌的有性繁殖又有初级同宗结合和次级同宗结合两种类型。草菇属初级同宗结合的食用菌，没有不亲和性因子，能产生子实体的菌丝是直接从单个担孢子发育来的。双孢蘑菇属次级同宗结合的食用菌，有不亲和性因子，能产生子实体的菌丝体是具有两种遗传性质不同的细胞核的异核菌丝体。

(2)异宗结合　也称“雌雄”异体、自交不育或异体可育。它是两个具有不同交配型的单核菌丝相互交配结成双核体进而形成子实体的方式。异宗结合约占食用菌绝大多数，有香菇、平菇、凤尾菇、金针菇、毛木耳、银耳等。

根据控制交配型交配因子数量的不同，又可将异宗结合分为两种类型：受单因子控制的为两极性异宗结合；受双因子控制的为四极性异宗结合。

①两极性异宗结合：交配型由一对 A 因子控制，因此，一个子实体所产生的担孢子有两种不同的交配型，只有不同交配型的菌丝 A_1 与 A_2 间的配合才能完成有性生殖过程。两极性异宗结合的食用菌有滑菇、大肥菇等。担孢子间的交配反应见表 1-2。

表 1-2　两极性系统同一菌株担孢子间的交配反应

交配型	A_1	A_2
A_1	−	+
A_2	+	−

+：表示亲和(可交配)；

−：表示不亲和(不能交配)

②四极性异宗结合：交配型由 A，B 两对因子控制，因此，一个子实体所产生的担孢子有 4 种不同的交配型，即 A_1B_1，A_1B_2，A_2B_1，A_2B_2，只有

两对因子都不相同的组合 A_1B_1，A_2B_2 才能完成有性繁殖过程。香菇、平菇、银耳、金针菇属这一类型。四极性系统担孢子间的交配反应见表 1-3，表 1-4。

表 1-3　四极性系统同一菌株担孢子间的交配反应

交配型	A_1B_1	A_1B_2	A_2B_1	A_2B_2
A_1B_1	－	F	（＋）	＋
A_1B_2	F	－	＋	（＋）
A_2B_1	（＋）	＋	－	F
A_2B_2	＋	（＋）	F	－

＋：表示完全可亲和性；－：表示不亲和性；（＋）：表示半可亲和性，能产生一种具有假锁状联合的有限的不能结实的菌丝体；F：表示半可亲和性，能产生一种无限的、不产生子实体多核的异核的菌丝体

表 1-4　四极性不亲和系统交配反应型的特征

基因型	反应型	细胞质		锁状联合的形成	出　菇
		转移	配对		
$A_1B_1 \times A_1B_1$ （A＝　B＝）	－	无	无	不	不
$A_1B_1 \times A_1B_2$ （A＝　B≒）	F	有	无	不	不
$A_1B_1 \times A_2B_1$ （A≒　B＝）	（＋）	无	有	可(假)	不
$A_1B_1 \times A_2B_2$ （A≒　B≒）	＋	有	有	可	可

注：＝表示相同，≒表示不相同

四、食用菌细胞的化学组成及其特点

食用菌的细胞具有真核生物的基本特点，但其化学组成和亚细胞结构在很多细节上有自己的特点。细胞中含有碳、氢、氧、氮4大元素和各种矿质元素，由这些元素组成细胞中的各种有机物质和无机成分。

菌类细胞中除含有大量水分之外，约含2%左右的干物质。干物质包括碳水化合物、蛋白质、脂肪、维生素及各类无机盐。在全部干物质中，就其元素成分来说，碳、氢、氧、氮4种元素约占90%～97%，其余的3%～10%为矿质元素。碳素在细胞中含量比较稳定，一般占干物质的50%；氮素在细胞中的含量差异较大。组成无机盐成分的矿质元素中，以磷的含量最高，占50%左右；其次是钾、镁、钙、硫、钠等，还有铁、铜、锰、硼、钼、硅等微量元素。

(一)水　分

真菌细胞中含有大量的水，据测定细菌细胞含水75%～85%，酵母菌为70%～85%，霉菌为85%～90%，食用菌子实体细胞含水在70%～95%。

水是真菌机体的重要组成成分，物质进入细胞必须先溶解于水，才能参加代谢反应，才能被细胞吸收利用，所以水是真菌机体代谢过程不可缺少的。水的比热高，能有效地吸收代谢过程中所放出的热量，使细胞内温度不致骤然上升。水又是热的良导体，有利于散热，可调节细胞温度。

（二）碳水化合物

这是食用菌细胞的主要化学成分，包括单糖、糖醇、多糖和其他衍生物。其中多糖又是主要成分，如葡聚糖、淀粉、糖元、几丁质、甘露聚糖等。单糖的含量一般很低，且主要以磷酸衍生物的形式存在。食用菌能产生多种多糖，且这些多糖的结构与其他来源的多糖结构不太一致。这些多糖化合物有胞外的也有胞内的。食用菌体内还含有各种有机酸，如甲酸、乙酸、乳酸、草酸、琥珀酸、苹果酸、焦谷氨酸和柠檬酸等。有的食用菌还含有特殊的碳水化合物，并有明显的药用价值，如香菇多糖、平菇多糖、云芝多糖、茯苓多糖、朴菇素等。

（三）蛋白质和氨基酸

食用菌含有各种蛋白质、多肽及氨基酸，且含量都很高。如蘑菇约 37%，香菇 20%，草菇 36%，金针菇 24%，平菇 29%。同一种菇类在不同发育阶段或培养基成分不同时，它的蛋白质含量也会有差异。

食用菌中含有丰富的氨基酸，特别值得一提的是食用菌富含人体自身不能合成的亮氨酸、异亮氨酸、赖氨酸、蛋氨酸、苏氨酸、缬氨酸、色氨酸、苯丙氨酸，同时在食用菌中有些氨基酸以盐的形式存在，所以使菇类有它独特的鲜味。

（四）核　酸

真菌中脱氧核糖核酸（DNA）的含量较低且比较恒定，而核糖核酸（RNA）的含量相对较高且变化范围较大。据报道，香菇中存在的一种特殊双链核糖核酸，不但能刺激机体产生干扰素抑制病毒的增殖，同时还具抗肿瘤作用。

（五）脂　类

主要包括脂肪、磷脂和甾醇等，不溶于水而溶于乙醚、乙醇、氯仿、丙酮等有机溶剂。食用菌的脂肪含量较低，从脂肪酸来看，大部分是不饱和脂肪酸，如草菇脂肪酸中不饱和脂肪酸含量达83.3%，银耳为69.2%。

（六）维生素

食用菌中含有各种维生素，如胡萝卜素、硫胺素（维生素B_1）、核黄素（维生素B_2）、抗坏血酸（维生素C）、生物素（维生素H）、吡哆醇（维生素B_6）、烟酸等。

（七）无机盐

菌体细胞中干物质的3%～10%是无机盐，主要是磷、钾、镁、钙及微量元素。据报道，银耳每百克干物质中钙的含量高达380毫克。

五、食用菌的菌丝生长

食用菌在适宜的环境条件下，不断吸收基质中的营养物质，进行自身的新陈代谢。在这个过程中，如果同化作用超过异化作用，就表现为生长。食用菌的菌丝体是多细胞的，菌丝由顶端生长而延伸，菌丝体的微小碎片都能产生一个新的生长点而发展成新的个体，表现为繁殖。从生长到繁殖是量变到质变的过程，这个过程就是发育。

（一）孢子萌发

一般地说，食用菌的生长是从孢子萌发开始的，用孢子繁殖是食用菌的主要特点之一。影响孢子萌发的因素很多，有外因也有内因，外因主要是水分、温度、酸碱度、空气、营养、光照等，内因有孢子本身的生活力、寿命、成熟度、休眠期等。

有萌发能力的孢子，在有足够的水分，一定的营养，适宜的温度、酸碱度及足够的空气等条件下，才能较快地萌发。

吸水是孢子萌发的必备条件，因为水能使孢子壁膨胀软化，这时氧气才能透过孢子壁以增加孢子的呼吸，而使孢子内的原生质由凝胶状态转变为溶胶状态，使一系列酶发生作用，增强代谢作用，促进孢子内可溶性物质的输送。

要使孢子很快萌发，必须给予一定的营养条件。在纯蒸馏水中孢子极少萌发，或勉强萌动，不能继续生长发育。

孢子萌发过程是一个复杂的生理、生化变化过程，需要在多种酶——生物催化剂的参与下进行。

酶是一类具有特殊催化能力的蛋白质，它由生物体产生，所以说酶是一种生物催化剂。催化剂是指有些物质能促进某些化学反应的进行，而它自身在反应过程中并不发生变化，这类物质就称它为催化剂。催化剂有化学催化剂和生物催化剂两大类。酶作为生物催化剂与化学催化剂比较有它的特点：

第一，酶催化作用的专一性很强，一种酶往往只能作用于一类物质，有的甚至只能对某一种物质的反应有催化作用。

第二，酶是蛋白质，遇高温可被破坏。所以，绝大多数酶的催化反应都是在常温常压下进行的；而化学催化剂则对热很稳定，有些反应必须在高温、高压下才能进行。

第三，酶的作用易受酸碱度的影响，化学催化剂一般不受影响。

第四，酶的催化效率高，催化速度快。如在0℃，一个分子的过氧化氢酶1分钟能催化分解约500万个过氧化氢分子。铁离子也能催化过氧化氢分解，但酶的催化速度要比铁离子快100亿倍。

酶的催化与温度、酸碱度、孢子密度、光照等因素有着密切的关系。孢子要在一定的温度条件下才能萌发，不同食用菌的孢子萌发对温度的要求不相同，如草菇孢子萌发的适宜温度是40℃，而香菇孢子只需22～26℃，蘑菇23～25℃。在适宜的温度下孢子不但萌发率高，而且萌发所需的时间也短。温度对黑木耳担孢子发芽率的影响见表1-5。

表1-5 黑木耳担孢子发芽率与温度的关系

温度(℃)	发芽率达50%所需时间(小时)	培养60小时的发芽率(%)
6	不发芽	0
10	168	4.33
15	120	16.67
20	60	50.67
25	36	80.67
30	24	94.67
35	24	89.33
40	～	43.67
45	不发芽	0

溶液中孢子的密度对孢子发芽率有着十分明显的影响，孢子密度大，发芽速度快，萌发率高，单孢子的萌发率最低。在

香菇、木耳等单孢子的萌发中，可以在培养基中加入一定量的菌丝提取液，这样能加快孢子的萌发，同时对提高孢子的萌发率也有重要作用。值得注意的是收集到的孢子要存放在避光处，否则将大大影响萌发率。据实验，新鲜的香菇孢子置于阳光下 5 小时，它的萌发率只有 5%左右。

（二）菌丝生长

1. 生长点 食用菌菌丝形状一般是圆柱形，它的顶端则是钝圆锥形，这钝圆锥形的顶端就是菌丝的生长点。生长点内含的物质比较简单，主要是高浓度的原生质和泡囊。生长点的菌丝细胞生长快，不出现分枝现象，随着生长点的伸长，后面的菌丝逐渐变老而产生分枝，每一分枝的顶端同样有生长点，就这样，菌丝不断地生长繁殖。

泡囊的主要功能是将菌体细胞合成的各类物质迅速运送到生长点，同时参与顶端生长点的生长（图 1-11）。

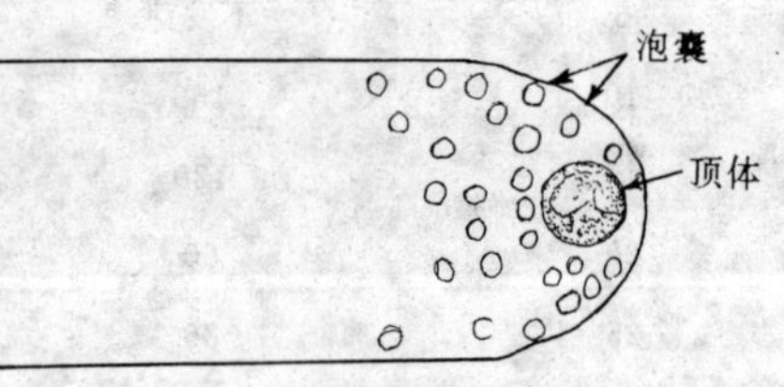

图 1-11 菌丝生长点

2. 菌丝的顶端生长 食用菌菌丝的生长为顶端生长，顶端泡囊在菌丝生长中起着重要的作用。泡囊中含有丰富的多糖及各种酶，如酸性磷酸脂酶、碱性磷酸脂酶、几丁质合成酶、细胞壁溶解酶等，还含有几丁质前体。菌丝生长时，泡囊聚集在菌丝的顶端，当菌丝生长停止时，这些泡囊从顶端消失。泡囊再次在菌丝顶端聚集，菌丝又重新开始生长，这足以看出泡囊在菌丝生长中所起的作用。

菌丝生长时顶端除了有泡囊外，还发现一个有折射力的小球，称为顶体。据观察，顶体的出现与菌丝的生长关系密切，如果把生长菌丝的顶端在强光下照射1分钟左右，顶体就会逐渐从菌丝顶端向基部运动，直至完全消失，此时菌丝生长也就停止了。

3. 菌丝生长阶段 菌丝生长一般可分为以下3个阶段：

(1)生长迟缓期 菌丝在这一阶段中没有明显的生长，而主要是对新环境的适应过程。这阶段的长短与菌种的本性(遗传性)、菌种培养时间及所处的环境条件，如温度、湿度、培养基成分等有关，菌种原来所处的环境条件与要移植的新环境之间的差异越大，为适应新环境的变化生长迟缓阶段就越长；反之则越短。

(2)快速生长期 在菌丝适应了所处的新环境后，即度过了生长迟缓期，菌丝就开始快速生长。这一阶段一般只有几天的时间，不可能一直持续下去。主要是因为随着菌丝的快速生长，培养基养分不断消耗，且氧气也会日渐不足，同时在生长过程中菌丝会分泌对它本身生长不利的代谢产物。

(3)停止生长期 在这一阶段，菌丝逐渐老化，老化的菌丝开始自溶，菌丝细胞中的有机物质分解，同时慢慢释放出来，培养基中会出现较多的氮和磷。

在不同的培养基中，3个阶段的时间长短有所差别。生长迟缓期，固体培养基比液体培养基会更长些，快速生长期则要比液体培养基到来得慢些，但持续的时间长，最后也会因养分的耗尽及代谢产物的过多积累而进入停止生长期。

4. 菌丝生长的测定 在了解了菌丝生长的机理与规律的基础上，为进一步对菌丝生长现象进行观察研究，下面介绍几种菌丝生长的测定方法：

(1)直线生长的测定方法

①菌丝生长长度的测定:这个方法是把要测定的菌株用微室培养,生长一定时间后,把它放到显微镜镜台上,用目镜测微尺测量,在菌落边缘选择单根菌丝的顶端在低倍镜下聚焦,并选择菌丝开始出现侧枝的部位与目镜测微尺的一条线重合,这个点即为参照点,可观察它的生长,并做记录(具体方法见附录二)。

②菌丝生长速度的测定:每隔一定时间记录1次菌丝生长长度,就可计算出它的生长速度。计算公式为菌丝生长长度/时间,单位为毫米/小时。

A. 培养皿测定:首先将待测菌种接种在平板上培养,当菌丝长到直径3厘米左右时,用灭菌打孔器在菌落上打孔,然后用解剖刀无菌接入测试用的平板中央,每皿一块,适温培养,在一定时间内测量菌落直径,记录培养天数与直径,可求出菌丝平均生长速度。

B. 生长管测定:同上法打出等面积的接种块,从管的一端孔口接入生长管内培养,经一定时间可测量出生长量(距离),然后计算平均生长速度。采用此法可以测定生长速度快的菌种生长量(如草菇),而且不易污染杂菌(图1-12)。

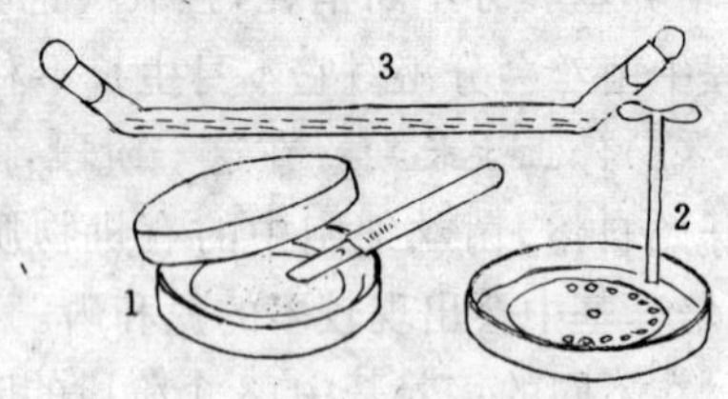

图1-12 生长管测定法

1. 在菌丝体平板上挑取菌块

2. 打孔工具与方法

3. 生长管上长满菌丝体

(2)菌丝生长量的测定

①干重法：是采用液体培养方法测定单位体积培养液中菌丝体的干重来表示菌丝体的生长量，这种方法简便可靠。具体操作：配制适宜的液体培养基，定量装入三角瓶内，灭菌、接种、培养，把培养液中的菌丝体用已测过恒重的滤纸或滤器过滤，有条件的可采用离心机离心，得到菌丝体后，把它放在100℃下烘干至恒重，然后称重。

②定氮法：这是通过测定菌丝体内所含的总氮量来计算菌丝体的生长量的方法。测出的总氮量乘以一个常数4.38，换算成蛋白质量来表示。

六、食用菌的生态环境与所需营养

食用菌是生物的一个组成部分，它的正常生长发育必须具备两个基本条件：一是营养物质的提供，二是适宜的生态环境，两者缺一不可。

(一)食用菌的生态环境

食用菌的生态环境包括温度、水分、湿度、酸碱度、空气、光线和其他生物因子等方面，下面分述环境因子与食用菌菌丝体、子实体生长的关系。

1. 温度 温度是影响食用菌菌丝生长最重要的因素之一，每一种食用菌的菌丝生长都有其最低、最高、最适温度。菌丝在适宜温度范围内，随着温度的升高生长速率加快，此时温度与生长速度的关系呈正相关，这是因为随着温度的上升细胞中的一系列生化反应速率加快，到达最适温度时，参加代谢过程的几十种酶的反应速度最快，因此生长反应速率也最高。

当温度超过适宜范围还继续升高时，菌体的重要组成部分如蛋白质、核酸等都会遭受不可逆转的破坏，温度过高即超过最高温度且持续时间过长则会造成菌丝体死亡。

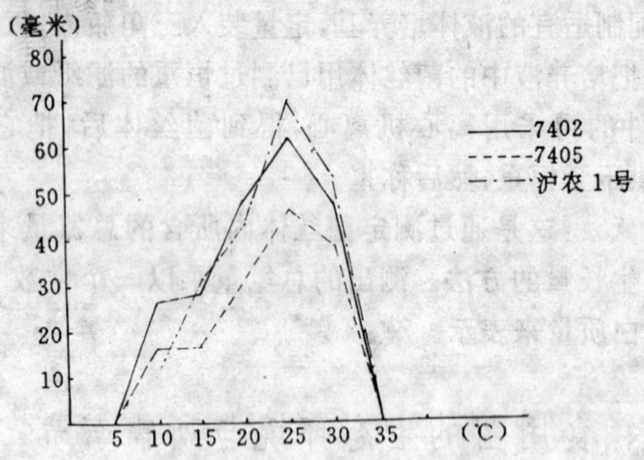

图 1-13　香菇菌丝生长与温度的关系

温度除了影响菌丝生长速度外，还可用作鉴定菌种的生理指标。在育种工作中，可根据测定的最高生长、最低生长温度及极限高温、极限低温下菌丝体的存活率来鉴定菌种。可采用平板法及生长管测定法来测定单位时间内菌丝体的生长速度，也可采用菌丝体干重测定法。

根据对温度的不同要求，可把食用菌大体分为低温型、中温型、高温型 3 大类型。一般讲，低温型食用菌菌丝生长最高温度为 30℃，最适温度 21～23℃，如竹荪、猴头、银耳等；中温型食用菌菌丝生长最高温度为 33℃，最适温 24～27℃，如香菇、滑菇等；高温型食用菌菌丝生长的极限高温为 45℃，最适温 36℃，如草菇。

常见的几种食用菌对温度的要求见表 1-6。

表 1-6　几种食用菌对温度的要求

菇类	菌丝生长温度		子实体分化发育温度		孢子萌发温度
	范围	适温	分化	发育	
双孢蘑菇	5～33	24	8～18	12～15	23～25
香菇	5～32	24～27	8～24	12～18	22～26
黑木耳	6～36	22～32	15～27	20～27	22～32
银耳	3～30	25～26	18～26	20～24	16～28
平菇	3～36	15～24	7～22	12～20	24～28
金针菇	3～34	23左右	5～19	8～15	15～25
草菇	10～44	30～39	22～35	27～31	40
猴头菌	6～30	25左右	12～24	18～20	—
滑菇	4～32	22～28	5～15	6～10	15～20
茯苓	10～35	25～28	24～26	24～26	30～35
竹荪	5～30	23～26	19～28	19～28	—

2. **水分与湿度**　水不仅是食用菌机体的重要组成成分，而且也是新陈代谢、菌丝吸收营养等生命活动不可缺少的。食用菌的各个生长发育阶段都离不开水，孢子萌发、菌丝生长需要水，子实体的形成、生长发育更需要大量的水。食用菌生长发育所需要的水分绝大部分来自培养基质，基质的水分含量直接影响菌丝的生长及子实体的形成与发育，培养基质中的水分又会因子实体的吸收和正常蒸发而损失，因此，在子实体生长阶段必须适当补充水。

不同食用菌对基质的水分含量要求不同。基质的含水量可用水分在湿料中的百分含量来表示。部分食用菌菌丝生长阶段与子实体生长阶段对水分的需求又有所差别，一般讲，后者要高于前者。在子实体生长阶段除了培养基质要有较高的含水量外，对栽培场所的空气湿度也有较高的需求，这可用空气相对湿度百分含量来表示。不同食用菌在栽培阶段对空气相对湿度的要求也有所差异（见表 1-7）。

表 1-7　食用菌对水分和空气相对湿度的需求　（%）

菇　类	培养料	菌丝体阶段（培养基含水量）	子实体阶段（空气湿度）
双孢蘑菇	培养料 覆土	60 18	90
香　菇	菇木 代用料	40～45 60～65	90～95
黑木耳	菇木 代用料	60～70 60～70	90～95
银　耳	菇木 代用料	42～47 60～65	80～95
平　菇	代用料	65	85～95
金针菇	代用料	70	85～95
草　菇	草堆 代用料	70～85 65	80～95
猴头菌	代用料	65～75	90～95
滑　菇	代用料	60～65	85
茯　苓	土壤	50～60	70 以上
竹　荪	培养基 土壤	60～68 20 左右	80 左右

3. 空气　食用菌是好气性真菌，因此，足够的新鲜空气

是保证食用菌正常生长发育的重要环境条件之一。食用菌没有叶绿素，不能进行光合作用，它的呼吸作用是吸入氧气，排出二氧化碳。大气中的氧气含量约为 21%，二氧化碳的含量为 0.03%，当空气不流通、不新鲜，造成氧气不足时，环境中的二氧化碳浓度提高。过高的二氧化碳浓度会影响食用菌菌丝与子实体的生长发育，会造成双孢蘑菇菌柄长、开伞早，严重的会导致菌丝萎缩，小菇死亡；会造成黑木耳、银耳原基分化迟缓，纽结后的胶质团长期不开片，最后霉烂；会使金针菇形不成子实体。加强通气还会大大减少栽培场所的杂菌虫害的发生。当然，通气与保持环境空气湿度一定要兼顾，不能偏废。

4. 酸碱度 酸碱度是指溶液酸碱性的强弱程度。培养基质的酸碱强度取决于它的氢离子(H^+)和氢氧根离子(OH^-)的浓度，当 H^+ 浓度大于 OH^- 浓度时呈酸性；反之则呈碱性。H^+ 浓度与 OH^- 浓度相等时，溶液表现为中性。所以，通常用 H^+ 浓度来表示溶液的酸碱度。

不同种类的食用菌菌丝生长所需基质的酸碱度不相同，大多数食用菌喜偏酸性环境(见表 1-8)。

值得注意的是：表中所列的氢离子浓度(pH)不是在配制培养基质时的浓度，而是基质灭菌后的浓度，因为基质在灭菌过程中氢离子浓度会上升(pH 值会下降)。

如果采用葡萄糖、蛋白胨培养基(葡萄糖 20 克，蛋白胨 2 克，磷酸二氢钾 0.5 克，硫酸镁 0.5 克，氯化钙 0.1 克，维生素 $B_1$100 微克，水 1 000 毫升)，灭菌后的氢离子浓度(pH)见表 1-9。

表 1-8 几种主要食用菌菌丝生长所需氢离子浓度

菇 类	氢离子浓度范围		适宜氢离子浓度	
	(纳摩/升)	(pH)	(纳摩/升)	(pH)
双孢蘑菇	料:10～10000 土:10～31.63	5～8 7.5～8	100～158.5	6.8～7
香 菇	100～100000	4～7	3163～31630	4.5～5.5
木 耳	100～100000	4～7	316.3～10000	5～6.5
银 耳	63.09～6309	5.2～7.2	1585～6309	5.2～5.8
平 菇	31.63～1000000	3～7.5	1000	7.5
金针菇	3.98～1000000	3～8.4	100～100000	4～7
草 菇	0.05～100000	4～10.3	316.3～19950	4.7～6.5
猴 头	100～100000	4～7	3163	5.5
滑 菇	100～100000	4～7	1000～10000	5～6
茯 苓	100～1000000	3～7	1000～100000	4～6
竹 荪	316.3～10000	5～6.5	1000～3163	5.5～6

注:pH 值不是法定计量单位,因有人还在沿用,所以将换算后的 pH 值也列入表内

表 1-9 培养基在灭菌前后的氢离子浓度变化

灭菌前氢离子浓度		灭菌后氢离子浓度		氢离子浓度变化	
(纳摩/升)	(pH)	(纳摩/升)	(pH)	上升(纳摩/升)	下降(pH)
398100	3.4	501200	3.3	103100	0.1
63090	4.2	199500	3.7	136410	0.5
10000	5	50120	4.3	40120	0.7
3163	5.5	19950	4.7	16787	0.8
630.9	6.2	10000	5	9369.1	1.2
316.3	6.5	7942	5.1	7625.7	1.4
100	7	5012	5.3	4912	1.7
31.63	7.5	1000	6	968.37	1.5

5. 光线 食用菌都是需光菌，强度适当的散射光是完成正常生活史的一个必要条件。在食用菌的菌丝生长阶段一般不需要光线。光线对某些食用菌的菌丝生长甚至有抑制作用，如猴头菇、香菇等(见表1-10)。对另一些食用菌如黑木耳，在菌丝生长阶段有光线会刺激基质表面形成子实体，造成栽培时营养分散且容易霉烂。

表1-10 光照对香菇菌丝体生长的影响 （单位:毫米）

菌丝生长量	全日光照（230勒）	全日黑暗	正常光照（白天40勒，夜间0勒）
日生长量	3.95	4.57	4.46
14天总生长量	55.25	64	62.5

在子实体分化和发育阶段，一般都需要光线，但要散射光而不是直射光。在直射光照下，一方面由于日光中的紫外线有杀菌作用，同时在日光下水分蒸发快，会造成空气相对湿度过低，不利于子实体的形成与生长，因此，生产食用菌需要在专门的菇房和荫棚内进行。不同种类食用菌对光线的要求不同，如草菇、香菇、滑菇等需要一定量的散射光，完全黑暗条件不形成子实体，而蘑菇、茯苓等只需要极少光线，甚至不要光线。

光的波长对子实体的形成有一定影响。有人测定，适合香菇原基形成的最适波长是370～420纳米，但对菌丝体生长却有抑制作用；红光波长570～920纳米，对菌丝生长没有影响。

光线对子实体的色泽有很大影响。一般讲，光线过弱子实体色泽偏淡，光线偏强色泽偏深。如相同品种香菇的子实体随光强度的增加颜色逐渐加深，由近白色变淡褐色，再变褐色，进一步形成深褐色；草菇由淡灰色逐渐转为深鼠灰色；木耳由淡褐色逐渐加深，最后呈黑色。

6. 生物因子 一些生物因子对食用菌的生长有着密切关系。

(1)微生物 在大千世界里，微生物是无处不有的，只是因为它们的个体太小，人们的肉眼不能看到。其实有许多微生物能为食用菌提供必要的营养物质，如假单孢杆菌、嗜热真菌、嗜热放线菌、高温单孢菌、高温放线菌等，它们在蘑菇培养基质的发酵过程中不仅能帮助分解纤维素、半纤维素等高分子物质，软化草茎，而且还能为蘑菇的生长提供必要的氨基酸、维生素和醋酸盐。同时，这些微生物自身繁殖所合成的菌体蛋白质和多糖体又是蘑菇生长的良好营养物质。人们栽培蘑菇用的培养料，实际上就是堆肥中的微生物发酵加工而成的。

银耳的生长发育也依赖于一种叫“香灰”的微生物。香灰是一种真菌，与银耳菌丝伴生，它的子囊果为黑色颗粒状，在培养基质上能产生黑色素，它的分生孢子为黄绿色，形状像灰，故名香灰。没有香灰菌，银耳不能生长，因为银耳孢子(酵母状芽孢)没有纤维素酶和半纤维素酶，不能分解纤维素和半纤维素，甚至对淀粉的利用能力也很差，所以它不能单独在木材和木屑培养基上生长。只有把两者混合接种在一起时，银耳菌丝才能得到由香灰菌丝分解木屑而成的可溶性糖而得以生长，繁殖。目前生产单位在制备银耳菌种时(锯末屑菌种)已将两者混合一起，这样的银耳菌种实际上是银耳菌丝和香灰菌丝的混合物了。

(2)植物 有些食用菌能与植物结成互为有利的形式，形成菌根。称这类真菌为菌根菌。菌根菌能分泌吲哚乙酸等物质，刺激植物根系生长，促进植物吸收某些无机盐类，而则把光合作用合成的碳水化合物提供给菌类。

能与植物形成菌根的菌类约有 11 个目，30 个科，99 个属，多见于块菌科、牛肝菌科、红菇科、口蘑科、鹅膏菌科。能与菌类形成菌根的植物主要有裸子植物、被子植物和蕨类植物。菌根菌与植物有专一性，如牛肝菌、松乳菇与松树，红菇与红栎，口蘑与黑栎，黑孢块菌与毛栎等。

蜜环菌与天麻的关系很特殊。蜜环菌常寄生在天麻的块茎里，侵染皮层，毁坏细胞，吮吸养料，但天麻也必须依靠蜜环菌。天麻虽属多年生兰科植物，但它既无根也无叶，如果没有蜜环菌的寄生，它的种子不能发芽，植株不能开花结籽。天麻的块茎就是通过其消化细胞来消化侵入皮层细胞中的蜜环菌菌丝体才不断长大的。因此，天麻与蜜环菌可说是一种相互“寄生”的关系。

(3)*动物*　极少数食用菌的生活史循环需要依靠动物来完成，最典型的是鸡枞。鸡枞常见于针叶林与阔叶林中地上，有趣的现象是凡是有鸡枞生长的地方必定有白蚁，鸡枞柄与白蚁巢相连结，多群生。在高温高湿的季节里，白蚁窝上先长出小的白菌球，随后长大呈突起为幼鸡枞，最后破土伸出地面成为常见的鸡枞。白蚁和鸡枞的关系可能是鸡枞利用蚁粪和白蚁分泌的激素等物质生长，而白蚁则以鸡枞的白色菌丝球为食料。有经验的云南农民熟悉了白蚁与鸡枞的关系，常在早春向白蚁窝泼水，以促进蚁窝中鸡枞菌丝的生长，这样，到了适当季节就能收获较多的鸡枞菌了。

此外，有些动物能传播食用菌的孢子，如竹荪的孢子就是靠蝇类传播的。著名的块菌生于地下，它的孢子只能通过野猪才能传播。

（二）食用菌所需营养

1. 食用菌的营养方式 食用菌的营养方式主要有以下3大类型：

(1)腐生 营腐生方式的食用菌称腐生菌，它们只能从失去生命的植物中吸收营养，如香菇、草菇、银耳、蘑菇等，其中香菇、银耳属木腐菌，草菇、蘑菇为草腐菌。

(2)共生 与其他生物营共生生活的食用菌称共生菌。共生菌与腐生菌相反，它们不能从枯死的植物中吸收营养，而必须靠活的树木提供养分，且树木与菌类双方互利，如牛肝菌、松口蘑等。

(3)兼性寄生 兼有上述两种营养方式的菌类称它为兼性寄生菌。这类食用菌既可从枯死的植物中吸收营养，又能寄生于活的植物体上，如蜜环菌（与天麻）。

2. 食用菌的营养需求 无论属哪种营养类型的食用菌，它的生长发育都需要碳、氮、无机盐、生长素等几大类物质。

(1)碳源 提供细胞和新陈代谢产物中碳素来源的营养物质称碳源。其主要作用是构成细胞组织和供给食用菌生长发育所需的能源。自然界中的碳素可分为无机碳与有机碳两大类，食用菌只能利用有机碳，不能利用无机碳。

有机碳主要有糖类（包括单糖、双糖、多糖）、果胶、有机酸、醇等及高分子的纤维素、半纤维素、木质素、淀粉等。前者为小分子化合物，食用菌细胞可以直接吸收利用；后者则不能直接被吸收，必须通过酶的水解才能被吸收利用。大部分食用菌都富含纤维素酶、半纤维素酶、木质素酶、蛋白酶等多种酶类，其中纤维素酶是动物、植物、人类所缺少的，食用菌所以能在枯枝、草茎上生长，就是依靠这些酶类活动的结果。

可利用的糖有葡萄糖、蔗糖、果糖；有机酸有柠檬酸、乳酸、琥珀酸、延胡索酸、酒石酸等；醇类有丙三醇、甘露醇。

(2)氮源　提供细胞物质和代谢产物中氮来源的营养物质称氮源。氮是食用菌合成菌体蛋白和核酸所不可缺少的原料，一般不提供能量。

食用菌主要利用有机氮，如蛋白质、蛋白胨、氨基酸、尿素、豆饼粉等。其中氨基酸、尿素等小分子氮能直接吸收利用，大分子的蛋白质类物质必须通过菌丝分泌的蛋白酶将蛋白质水解成氨基酸来吸收利用。菇类也能利用少量无机氮，但生长速度慢，如单用无机氮作氮源，则有不出菇的可能。这是因为菌丝没有利用无机氮合成细胞所必需的全部氨基酸的能力。某些氨基酸几乎或完全不能由无机氮合成，有的即使能合成也不能满足菇生长所需要的量。

食用菌的不同生育阶段对氮的需求量不同，菌丝生长阶段氮素含量以0.016%～0.064%为宜，碳氮比为15～20：1，子实体发育阶段基质含氮量宜在0.016%～0.032%，高浓度的氮反而有碍子实体的发生和生长，此时的碳氮比以30～40：1为好。

(3)无机盐　无机盐是食用菌生命活动中不可缺少的营养物质。它的主要功能：一是构成菌体的成分；二是作为酶的组成部分；三是调节培养基质的渗透压与酸碱度。

渗透压是水向细胞内移动的同时所产生的一种压力。如果将细胞置于低渗溶液(即浓度较低的溶液)中时，该溶液所含的溶质分子比细胞内少，溶液中的水就向细胞内扩散，细胞就膨胀，时间一长细胞就会胀裂、死亡。如果将细胞置于高渗溶液(浓度较高的溶液)中，细胞外的水自由能水平比细胞内低，水就由细胞内向外扩散，使细胞质发生收缩而离开细胞壁

(称为质壁分离),时间长了也会导致细胞死亡。只有当细胞处于等渗溶液中,才能使水分既不向外扩散也不向内扩散。无机盐类就具有这种调节功能,使细胞始终处于等渗状态,保持细胞的活力。

常用的无机盐类有磷酸氢二钾、硫酸镁、硫酸铜、氯化钠、硫酸锌、氯化钴、硫酸钙、硫酸亚铁、氯化锰等。食用菌主要从这些无机盐中得到磷、镁、硫、钙、钾、铁、钴、锰、锌等元素,其中以磷、钾、镁为最重要,适宜浓度是每升培养基加100～500毫克,铁、钴、锌、锰等元素需要量甚微,故称微量元素,每升培养基中只需千分之几毫克,由于这些元素在水中都有,故一般不需另加。

(4)**生长素** 有些食用菌的生长还需要维生素、核酸等有机物质,它的需要量很低,但不可缺少,人们称之为生长素,如硫胺素(维生素 B_1)、核黄素(维生素 B_2)、生物素(维生素 H)、吡哆醇(维生素 B_6)、泛酸、叶酸、烟酸等。

维生素在马铃薯、麦芽、酵母、米糠、麦麸中含量较丰富,故用这些材料配置培养基时可不必再添加。

七、食用菌的菌种类型与生产程序

(一)食用菌菌种的分级与类型

什么是菌种?通俗地讲就是用来生产食用菌的种子。它与高等植物的种子不同,食用菌的种子是人工生产的食用菌菌丝体与培养料(基)所形成的联合体。一般是包装在一定的容器里的,如试管、玻璃瓶、塑料袋等容器。

完整的食用菌菌种制备程序应包括两个方面:一是菌种

的选育；二是菌种的繁殖培养。菌种的选育要根据不同食用菌的遗传性状，有目的地采用自然分离筛选、诱变选育、杂交育种等手段，这需要有一定的技术人员和设备条件，进行较长时间的连续工作；而菌种的繁殖培养则比较简便，将选育出来的菌种按一定的规程操作就行。

1. 菌种的分级 目前食用菌生产中人为地把菌种分为以下3级：

（1）一级菌种 一级菌种有3个来源：用各种育种手段得到；直接从子实体本身（组织及孢子）或菇木（耳木）分离得到；从国内外引进的包装在试管或培养皿中的菌种，因包装一级菌种的容器多数为规格不一的试管，所以又有试管种之称，习惯上又称它为母种。

（2）二级菌种 是把培养好的一级菌种接种到木屑、麦草、稻草、谷粒等为主的培养基中所得到的菌种，习惯上称它为原种。

（3）三级菌种 是为适应大规模栽培（生产）的需要，将二级菌种作扩大分离而得到的菌种，因此，又称生产种或栽培种。

2. 菌种的类型

（1）液体菌种 是采用液体培养基，接入菌种，经培养而得到的菌种，菌丝体在液体中呈絮状或球状。

（2）固体菌种 是在固体斜面培养基上培养得到的菌种。根据培养原料的不同可分为下面多种：

①琼脂等菌种：常用的有琼脂、马铃薯、葡萄糖培养基（简称PDA培养基）、胡萝卜培养基等。

②木屑菌种：是以木屑为主要原料的培养基制备的菌种。香菇、木耳、银耳等菇类常用木屑菌种作原种或栽培种。

③谷粒菌种:是以小麦、黑麦、高粱、小米为主要原料制备的菌种,其中以小麦最常用。麦粒菌种具有菌丝生长快,生活力强等优点,但要注意防止老鼠偷食。

④粪草菌种:是以粪、草为主要原料制备的菌种。粪草可以发酵,也可不经发酵。它是蘑菇、草菇等菇类常用的菌种类型。

⑤木块菌种:是以圆柱形、锥形或楔形小木块为主要原料制备的菌种。用于银耳、木耳、香菇等的段木生产和代料人造菇木生产上。

(二)食用菌菌种的生产程序

1. **母种生产** 首先制备好适量的马铃薯葡萄糖琼脂培养基,然后把从任何一种来源的母种扩大分离,得到生产用的母种。

2. **原种生产** 是制备好原种培养基后将母种接入,适温培养的过程。

3. **栽培种生产** 将原种进一步扩大分离到栽培种培养基中培养的过程。

值得注意的是:无论用哪种手段获得的菌种都不能直接用于大面积生产,而必须经过菌种的适应性试验即通常所说的出菇试验,确认菌种适宜在当地生长并表现有较好性状时才能使用。

第二章　食用菌制种的物资准备

一、食用菌菌种厂厂房及设备

（一）菌种厂规划与布局

1. **厂房规划**　无论新建或改建菌种厂都必须根据当地的资源、产品销售情况、投资能力及技术力量全面考虑，来确定其规模与生产品种。厂址最好选择在交通方便、有水有电、地势高燥、环境清洁的地方，远离畜禽饲养场与饲料仓库。

2. **厂房布局**　不论生产多少菌种，也不论生产什么菌种，凡菌种厂都需要有基本的生产用房与场地，这主要包括配置培养基场所、灭菌间、接种室及培养室等，还要有一些摊晒、堆积原材料的空旷地。可安排形成一条流水作业的生产线，以提高生产工效，并保证菌种质量。如条件允许，还可安排分析用实验室、洗涤间、成品菌种贮存室、原材料仓库等。

(1)培养基室　包括配置母种培养基及原种、栽培种培养基的场所。

①母种培养基室：需要一个比较洁净、明亮、干燥的房间，室内安装水源和电源。同时应有下列设备：

A. 工作台：最好有抽屉和柜子，用以放一些配置培养基的原材料、试剂及零星小工具。

B. 试剂柜或壁橱：有条件的单位可配备。

C. 天平：架盘式天平（图 2-1），规格有称量 500 克，感量

图 2-1　架盘式天平

0.5 克;称量 200 克,感量 0.1 克等。扭力天平,规格为称量 100 克,感量 0.01 克等。液晶显示的顶载电子天平(图 2-2),称量 120 克,感量 1 毫克。电子天平(图 2-3),称量 200 克,感量 0.1 毫克。

天平主要用来称量配置培养基的原料如马铃薯、葡萄糖、琼脂及化学试剂如硫酸镁等。

图 2-2　顶载电子天平

D. 孢子采集器:由搪瓷盆、培养皿、金属三角架、有孔钟罩、纱布等组成(图 2-4)。

E. 其它设备:配置培养基需用的温度计(图 2-5)、量杯(量筒)、吊桶(有嘴量杯)或漏斗、纱布、铝锅、乳胶管、蝴蝶夹、电炉、小刀、汤勺、玻棒、棉花,另外还需要试管刷、绳线、剪刀、盆、塑料筐等。

②原种、栽培种生产场地:场地的基本要求是水泥地面,

上有遮荫棚，配有水源和电源。生产工具有铁铲、竹扫帚、水桶、铁钩等。有条件的可安置机器，如装瓶机、装袋机、搅拌机等。

图 2-3 电子天平

(2)灭菌间 是用来安置灭菌设备的空间，要求有水源和电源，可以根据各自的条件安排在室内或室外荫棚下。为节省劳力，最好与装瓶、装袋场所靠近，但要考虑安全因素。

(3)接种用房 可以根据不同的条件用接种室或在室内安置接种箱、超净工作台等。用于接种的空间必须清洁、明亮、干燥，室内放置消毒药剂、接种工具等。

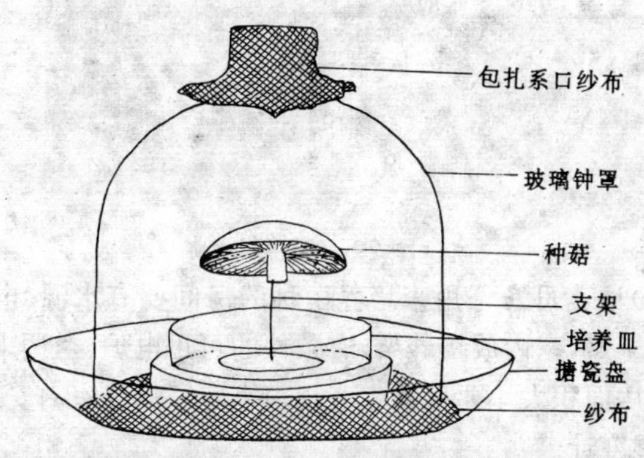

图 2-4 孢子采集器

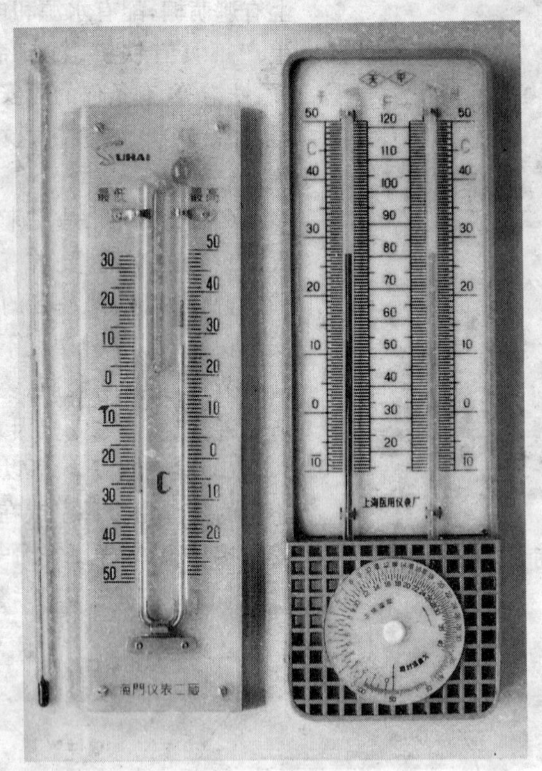

图 2-5　温度计

(4)培养用房　用来培养菌种的房间要有水源、电源，要求清洁干燥，室内放培养架。有条件的可用电炉、空调来控温。培养用房面积大小要根据生产规模来定。培养室内安放温度计、温湿度计。

(二)菌种厂应有设备

1. 装料设备　食用菌菌种都是包装在一定的容器里。原种一般是在玻璃瓶或塑料袋里，栽培种基本上是采用塑料袋包装，要将以木屑、棉籽壳等为主的培养料装入瓶或袋中。可用手工装，但生产效率低、劳动强度大，培养料松紧也不易均匀。有条件的最好使用机械，常用的机械设备有ZDP-3型装瓶装袋两用机（图 2-6），WJ-65 原料搅拌机、ZD 型香菇装袋机（图 2-7）等近 30 个型号。都是采用螺旋输送原理，将料斗中的培养料通过螺旋绞龙推入套筒上的瓶或袋中。各机型的区别主要在于绞龙的尺寸、数目、搅拌器、操纵控制机构等结构的不同。使用装袋机需注意以下几点：一是使用时，根据装瓶或装袋更换相应的绞龙和绞龙套，更换时，应先拆下绞龙套，换上所需的绞龙，而后更换上相应的绞龙套。二是装袋时，先把塑料袋套在绞龙套上，一手推套筒出口处，一手紧托塑料袋末端，徐缓退出。三是装瓶时将瓶口套入绞龙套，按

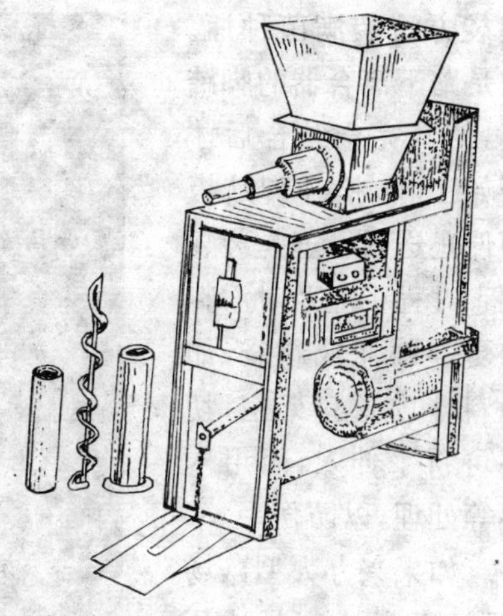

图 2-6　ZDP-3型装瓶装袋两用机

图 2-7　ZD 型香菇装袋机

装袋方法装满菌种瓶。四是踏下离合器的脚踏板，使其完全结合后才开始工作，松开脚踏板即停止送料。五是装袋(瓶)过程中应及时添料和更换料瓶或料袋，如遇料斗内材料架空，切不可将手伸入，而用木棍等处理，以防伤手。

图 2-8　转动式装袋机

如果兴办大型菇场(厂)，菌种生产量达几十万甚至上百万包，则可选用台湾产转动式装袋机(图 2-8)配套搅拌机(图 2-9)，整机工作效率高，每分钟可装 20～24 袋，且装袋质量好，装料高度、松紧度均匀一致，只是一次投资大。

2. 灭菌设备

(1)高压蒸气灭菌器　是利用湿热空气灭菌的一种高效灭菌器，使用方便、普遍。市售的有手提式、立式、卧式 3 种(图 2-10，2-11，2-12)。手提式与立式的容量较小，一般用于制备母种培养基的灭菌。卧式的则用于原种、栽培种培养基的灭菌，热源可以用电、煤气或直接通蒸气。

自制高压蒸气灭菌锅，锅身由 8～10 毫米钢板制成，锅盖厚 1.0～1.5 厘米，凸起呈半圆形，锅上装有压力表、温度表和安全阀，锅的容量 800～1 200 瓶(750 毫升蘑菇瓶)不等，热源可采用煤、柴等(图 2-13)。

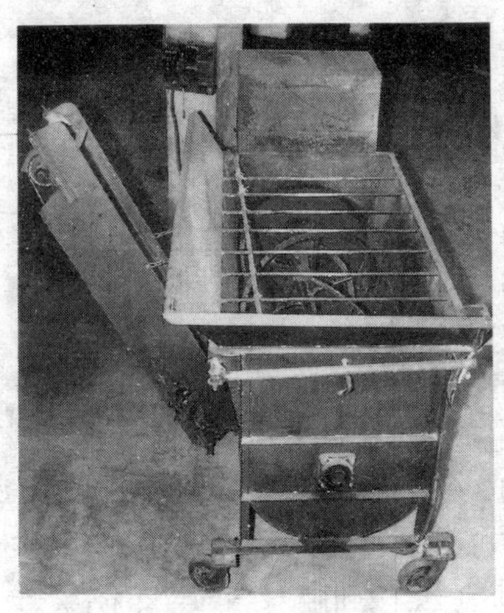

图 2-9 搅拌机

（2）电热恒温干燥箱 是利用干热空气灭菌的一种工具，用于玻璃器皿及金属小工具等的灭菌，不能用于培养基的灭菌。

（3）常压灭菌灶 没有条件购买高压蒸气灭菌器的单位及个人可自制常压灭菌灶，用于原种、栽培种培养

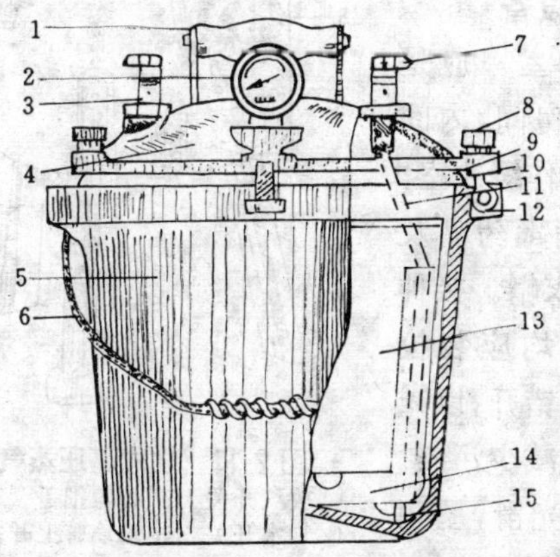

图 2-10 手提式高压蒸气灭菌器 （剖面）

1. 提柄 2. 压力表 3. 安全阀 4. 器盖 5. 器身 6. 提环 7. 放气阀 8. 翼状螺帽 9. 橡胶垫圈 10. 螺丝 11. 金属软管 12. 圆柱 13. 置物桶 14. 筛架 15. 脚架

基灭菌，同样可以达到灭菌目的。形状可以是方的圆的，可以直立也可横卧。材料可以是木头的也可是水泥砖砌的。无论哪种形式，也不论采用哪种材料，常压灭菌灶都要求有较高的密闭度，这样，灭菌效果好又可节省燃料。密闭程度高的温度可达105℃，反之则不到100℃。

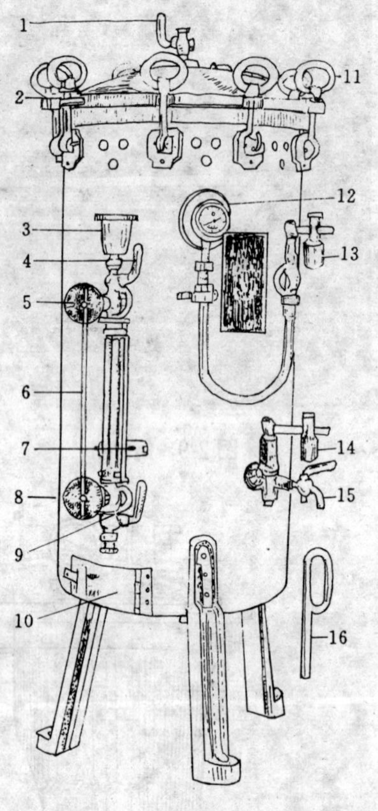

图 2-11 立式高压蒸气灭菌器

1. 放气开关 2. 拉盖把手 3. 加水漏斗 4. 加水开关 5. 玻璃管上开关 6. 玻璃管 7. 止水标志 8. 玻璃管下开关 9. 玻璃管放水开关 10. 加热处 11. 压盖螺帽 12. 压力表 13. 安全阀重垂(第一) 14. 安全阀重垂(第二) 15. 内锅放水开关 16. 大扳手

3. 接种设备

(1)接种室　应是内外两个小房间，内间接种用，外间作缓冲室，放置菌种、消毒药品及接种前换戴衣帽。接种室与缓冲室均应装拉门，且两门要错开，以减少空气流动，减少污染。墙及地面要光滑，屋角最好成弧形，便于清扫。两室的上方安装日光灯与紫外线杀菌灯，以改善接种环境。

接种室内应有工作台，台面要求光滑、水平，质地可以是木板的、水泥的或瓷砖的等。缓冲室内应有专用的工作服、拖鞋、帽子、口罩、乳胶手套及消毒药剂、手提喷雾器、面盆、抹布等。接种用具如酒精、药棉、接种针、酒精灯、医用镊子、火柴、解剖刀、盛放废物的容器、记号笔等都需放置在接种室内，不得随便外拿。

图 2-12 卧式高压蒸气灭菌器

(2)接种箱　是用木材和玻璃制成的小箱子，有单人用的，也有双人接种用的，大小各异，可根据需要制造。形状与规格参考图 2-14。

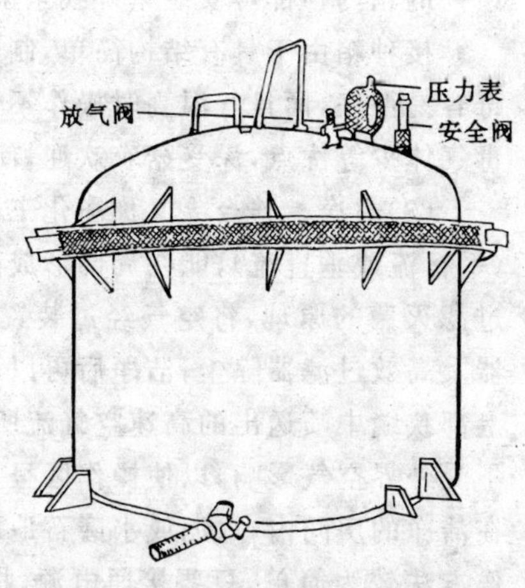

图 2-13 自制高压蒸气灭菌锅

接种箱的上层木框中安装玻璃，两侧的玻璃窗可以开启，便于操作。中间两边留 15 厘米×17 厘米的洞口，洞口上装布袖套，手伸入袖套内接种操作。接种箱要求密闭，以提高箱内无菌程度。箱的内外都用白漆涂刷，有

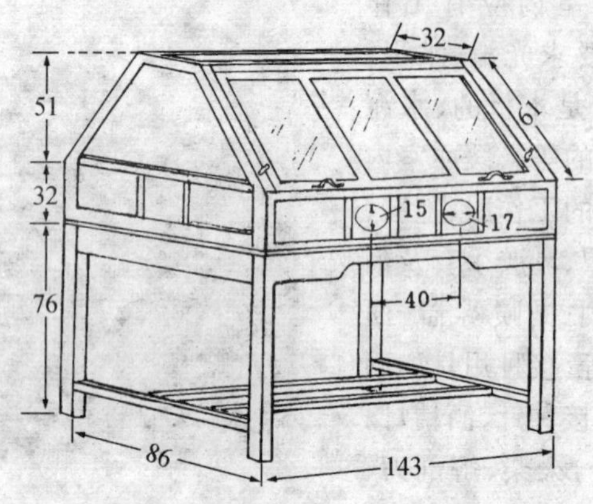

图 2-14　接种箱　（单位：厘米）

条件的箱内顶部可安装紫外线杀菌灯和日光灯。

接种箱由于具有结构简单，制造方便，成本低，体积小，消毒容易彻底，而且气温高时操作不像接种室那样闷热，吸入有毒气体少等优点，深受菇农欢迎，使用比较广泛。

(3)超净工作台　又称净化工作台。是一种局部流层装置（平行流或垂直流），能在局部形成高洁净度的环境。它是利用过滤灭菌的原理，将空气经过装置在超净工作台内的预过滤器及高效过滤器除尘，洁净后再以层流状态通过操作区，加上上部狭缝中喷送出的高速空气流所形成的空气幕保护操作区不受外界空气影响，以使操作区呈无菌状态。超净台要求安置在洁净的房间内，水泥或水磨石地面，安装紫外线灯。它的操作方法较为简单，只要接通电源，按下通风键钮，同时开启紫外线灯约 30 分钟即可；操作时需将紫外线灯关掉。超净台有双人的也有单人的（图 2-15）。

(4)塑料接种袋（帐）　有两种不同结构的塑料接种袋：

一是用无色透明薄膜拼接成高 1.8 米、袋底面积约 1 平方米的方形塑料袋。在袋的一侧距底部 3 厘米左右处剪两个孔径 17 厘米、孔间相距 30 厘米的圆孔，供操作用。另取薄膜拼成直径 17 厘米，长 50 厘米的圆筒，将筒的一端拼接在操作孔上，然后翻入袋内。工作时，将塑料袋平放在桌面上，从袋口放入菌种瓶和接种工具，用绳索将袋口扎紧，取 4 个铁夹将袋的四角挂起即可。操作时，手伸入袋内的塑料筒口，并用橡皮筋固定在手腕上，这样就造成密封的环境。使用前，同无菌箱一样，用甲醛、高锰酸钾熏蒸，以造成无菌环境。为安全起见，接种时一般不用酒精灯作火焰灭菌。

图 2-15　超净工作台

二是用铁丝或木条做框架，围上薄膜，并用铁夹固定，或将薄膜拼接成蚊帐状，然后罩在框架上，地面用木条或铁条压住薄膜，即可代替无菌室使用。接种帐的大小一般以 1 次接种 500～1 000 瓶为宜，工作结束后可以拆除。如生产量不大的话，可用市售方形浴罩代替。

4. 培养设备

(1)培养室　是用来培养菌种的房间。其大小和数量要根据生产规模来定，要求清洁、干燥、通风良好，保温性能较好。室内安放培养架，层架的设置要合理，既要充分利用空间，提高房子的利用率，又要保持一定的通气条件，同时便于检查杂菌。架子可用木材、竹竿、钢材及水泥等材料制作，层次以4～6层为宜。不论哪种材料制的床架都要坚固、水平，有条件的可在室内安装恒温加热设备或空调机等，在寒冷的地区或没有电的地方，培养室的墙壁可在夹层中间填充保温材料如木屑、棉花、玻璃纤维、泡沫塑料等，把火炉的烟道通入室内加热保温。

(2)电热恒温培养箱　采用自然对流通外式的结构，冷空气从底部风孔进入，经电热器加热后从两侧对流空间上升，并从内胆左右侧小孔进入内室，再自箱顶的封顶盖调节，使内室达到恒温。它能调节不同温度，并自动控制(图2-16)。

图2-16　电热恒温培养箱

(3)生化培养箱　它是电热恒温培养箱的另一种形式，所不同的是装有制冷装置和照明设备，能调节低于室温的培养温度(图2-17)。

5. 菌种容器

(1)试管　用于生产母种。规格有多种，常用的有18毫米×180毫米、21毫米×200毫米及25毫米×200毫米。

(2)菌种瓶　用来生产原种、栽培种。一般用容量为750毫升、口径3厘米的玻璃瓶，习惯叫蘑菇瓶(图2-18)。如没有

图 2-17　生化培养箱

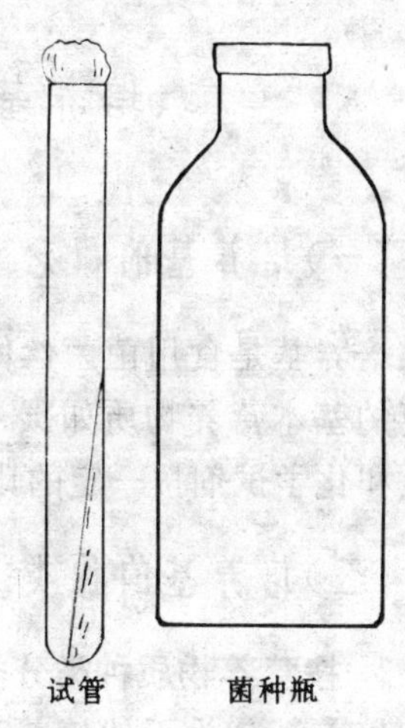

图 2-18　菌种容器

这种规格的瓶，可用广口瓶、酒瓶、盐水瓶等代替，但必须符合两个要求：一是能经受住高温高压灭菌而不破裂；二是无色或浅色、透明，以便检查菌丝生长与杂菌虫害污染情况。

(3)塑料袋　一般用来生产栽培种，也可作原种容器。原料有聚丙烯和聚乙烯两种。规格有多种，详见第三章。

6. 菌种保存设备

(1)电冰箱或 4℃冰柜　用电冰箱保存菌种时温度应调节在 4℃左右，这是最常用的保藏方法，也是最普通的设备。

(2)菌种库　用来贮藏存放菌丝已长好，但又一时用不完或销售不完的菌种。要求有冷冻设备，温度保持 4～10℃。如能做到有计划地生产菌种，及时使用和销售，那就无需建造菌种库。

(3)液氮罐　利用超低温液氮保藏菌种的设备。一般只用来保藏母种。具体方法见第四章。

二、培养基的种类及制备

（一）培养基的概念

培养基是食用菌菌丝体生长繁殖的基础，是把食用菌所需要的基本营养物质如碳、氮、无机盐和水等，利用一些天然物质和化学试剂按一定的比例人工配置而成的营养基质。

（二）培养基的种类

1. 按营养物质种类分类 根据营养物质的不同种类，可以把培养基分为天然培养基、合成培养基和半合成培养基 3 大类。

（1）天然培养基 它是利用化学成分不清楚且不恒定的天然有机物质配制而成的。各种农副产品及其下脚料如小麦、玉米、马铃薯、胡萝卜、麦麸、木屑等以及动植物组织浸出液如牛肉膏、麦芽汁、肉汤等均可作原料。这些有机物质来源广，价格便宜，营养丰富，是食用菌生产中最常用的培养基。但它们会因产地、品种、存放时间的不同，每批物质的营养成分不尽相同，因此，不能用来作精细的科学实验。

（2）合成培养基 它是利用已知成分和已知数量的化学试剂（无机盐类）配成的。这种培养基成分清楚，重复性强，但价格较贵，一般只用于实验室内做有关食用菌生理生化研究。

（3）半合成培养基 培养基中既有有机物质又有无机盐类的称半合成培养基。这种培养基种类多，应用广，也是食用菌菌种生产中常用的培养基。

2. 按培养基的物理状态分类 根据培养基制成后的物理状态不同,可把培养基分为液体培养基,固体培养基和半固体培养基 3 种。形成不同物理状态的因素是培养基内是否加入凝固剂或凝固剂加入量的多少。这 3 种培养基的成分可以相同,也可以不同。

(1)*液体培养基* 培养基内不加凝固剂,制成后呈液体状态。

(2)*固体培养基* 在培养基内加入一定量的凝固剂,使之成固体状态。凝固剂的加入量,根据不同季节及凝固剂的质量有所不同。琼脂冬季为 1.5%～2%,夏季则需 2.2%～2.3%,用来保藏菌种的培养基,琼脂量可适当增加,但不要超过 3%。

凝固剂有琼脂(又称洋菜)、明胶、硅胶 3 种,其中最常用的是琼脂。琼脂是一种理想的凝固剂,它具备了凝固剂应具备的基本条件:①不被培养物所液化、分解和利用。②在培养物生长的温度范围内保持固体状态。③凝固点的温度对培养物无害。④不会因消毒、灭菌而被破坏。⑤透明度好,粘着力强。⑥配制方便,价格适宜。琼脂的熔点为 96℃,凝固点是 40℃,呈微酸性。

生产琼脂的厂家很多,质量各异,选用时要慎重。

当然,以锯木屑、棉籽壳、稻草等作物稿秆为主要原料加水配制成的培养基和小木块培养基、谷粒培养基等也都是固体培养基,那是另一种类型的。

(3)*半固体培养基* 培养基内加入的凝固剂数量还不足以使之成固体状态而是呈粘冻状态。

3. 特殊培养基 根据试验的特殊需要研制出一些特殊的培养基,如基础培养基、加富培养基、鉴别培养基、选择性培养基等，其中选择性培养基在食用菌的菌种分离纯化工作中应用较多。

（三）母种培养基配方及制法

1. 马铃薯葡萄糖琼脂培养基（PDA）） 马铃薯（去皮）200 克，葡萄糖 20 克，琼脂 18～20 克，水 1 000 毫升。广泛适用于培养各种人工栽培食用菌。

配制方法 称取 200 克去皮马铃薯，切成薄片，冲洗，放水 1 100～1 200 毫升烧煮，水烧开后再烧 10～15 分钟，以马铃薯酥而不烂为度，用 8 层纱布过滤，取滤液。如滤液不足1 000毫升要补足，然后加入琼脂，烧至琼脂完全熔化，再用 4～6 层纱布过滤。在滤液中加入葡萄糖，充分搅拌，使葡萄糖迅速溶化，趁热分装试管，可用吊桶或漏斗分装（图 2-19）。装入量为试管高度的 1/5～1/4。注意培养基不要粘着试管口，塞上棉塞，0.098～0.118 兆帕（1～1.2 千克/厘米^2）灭菌，最后搁置斜面（图 2-20）。

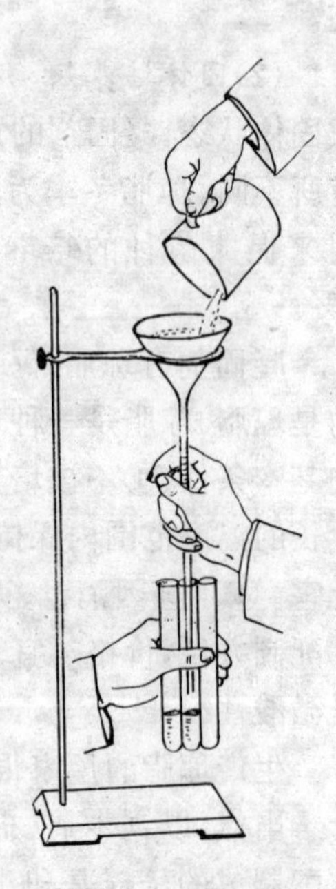

图 2-19 培养基分装

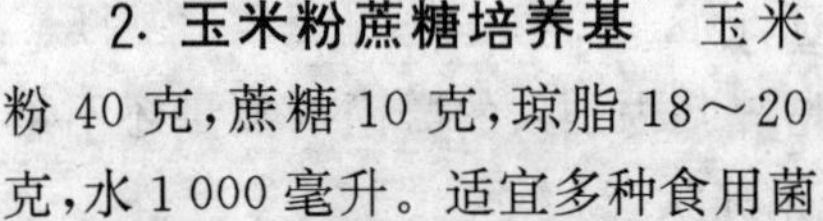

2. 玉米粉蔗糖培养基 玉米粉 40 克，蔗糖 10 克，琼脂 18～20 克，水 1 000 毫升。适宜多种食用菌。

3. 综合马铃薯培养基 马铃薯（去皮）200 克，葡萄糖 20 克，磷酸二氢钾 3 克，硫酸镁 1.5 克，维生素 B_1 10 毫克，琼脂

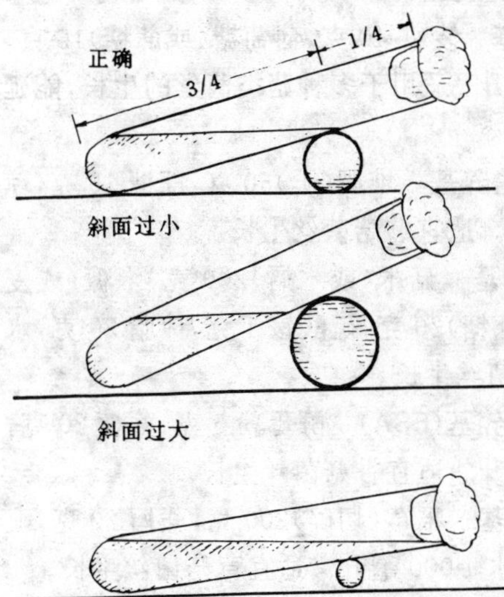

图 2-20　培养基斜面搁置方法

20～25 克，水1 000 毫升。适宜多种食用菌及保藏菌种用。

4. 麦芽汁琼脂培养基(BA)　麦芽汁(可用啤酒厂未加酒花的鲜麦芽汁或大麦芽粉 150 克进行糖化，稀释至 10～15 波美度)1 000 毫升，琼脂 20 克。自然酸碱度。适宜蘑菇菌丝生长。

5. 玉米粉综合培养基　玉米粉 20～30 克，葡萄糖 20 克，磷酸二氢钾 1 克，硫酸镁 0.5 克，蛋白胨 1 克，琼脂 22 克，水 1 000 毫升。适宜于蘑菇菌丝生长。

6. 小麦琼脂培养基　小麦粒 125 克，琼脂 20 克，水 1 000 毫升。

配制方法：将小麦粒在 4 000 毫升水中烧煮 2 小时，放置一昼夜过滤，取滤液，不足 1 000 毫升加水补充。然后加入琼脂烧至完全熔化，趁热分装试管，灭菌，摆斜面。适宜蘑菇菌丝生长。

7. 马铃薯木屑煮出液培养基　马铃薯(去皮)200 克，栓皮栎木屑 20 克，蔗糖 20 克，麦芽糖 10 克，琼脂 20 克，水1 000

毫升。适宜木腐菌菌丝生长。

8. **麦麸浸汁培养基** 麦麸 40 克,葡萄糖(或蔗糖)15 克,琼脂 20 克,水 1 000 毫升。适用于多种菇类菌丝的生长,能延缓猴头母种老化。

9. **堆肥浸汁琼脂培养基** 堆肥(干)50 克,蔗糖 15 克,琼脂 20 克,水 1 000 毫升。适宜蘑菇菌丝生长。

10. **菇木煎汁培养基** 菇木(或木屑)200 克,米糠(或麦麸)100 克,麦芽糖(或蔗糖)20 克,硫酸铵 1 克,琼脂 20 克,水 1 000 毫升。适宜香菇菌丝生长。

11. **酵母粉蔗糖培养基(ESA)** 酵母粉 5 克,蔗糖 20 克,琼脂 15 克,水 1 000 毫升。适宜香菇菌丝生长。

12. **稻草浸汁培养基** 稻草(切碎)200 克,蔗糖 20 克,硫酸铵 3 克,琼脂 20 克,水 1 000 毫升。适宜草菇菌丝生长。

13. **马铃薯蔗糖培养基** 马铃薯(去皮)200 克,蔗糖 20 克,酵母膏(粉)6 克,硫酸铵 3 克,琼脂 20 克,水 1 000 毫升。适宜草菇菌丝生长。

14. **西德平菇培养基** 麦芽浸膏 5 克,大豆粉 10 克,蛋白胨 1 克,磷酸二氢钾 0.5 克,硫酸镁 0.5 克,1%氯化钠溶液 1 毫升,酵母膏 0.1 克,琼脂 15 克,水 1 000 毫升。

15. **日本平菇培养基** 米糠 50 克,磷酸二氢钾 0.3 克,磷酸氢二钾 0.3 克,硫酸镁 0.2 克,葡萄糖 5 克,琼脂 20 克,水 1 000 毫升。

16. **香灰菌丝煮出液培养基** 银耳木屑菌种 2 瓶(750 毫升瓶),过磷酸钙(纯)1 克,琼脂 25 克,水 1 000 毫升。

制作方法:取银耳菌种 2 瓶挖出,放 2 000 毫升水烧煮,烧开后再烧 10～15 分钟,过滤,取滤液,不足 1 000 毫升需补充。加入琼脂烧煮至完全熔化,过滤,放入过磷酸钙,充分搅拌，边搅拌边分装试管，塞棉塞，灭菌，摆斜面。适宜银耳芽孢萌发菌丝。

17. 蔗糖木薯粉琼脂培养基 蔗糖（葡萄糖）20 克，木薯粉（干）20 克，硫酸铵 0.1 克，硝酸钾 0.1 克，过磷酸钙 0.25 克，骨粉 0.2 克，木屑 110 克，琼脂 25 克，水 1 000 毫升。适宜银耳芽孢萌发菌丝。

18. 发酵草料培养基 发酵后干麦草 100 克，琼脂 10 克，水 1 000 毫升。

制作方法：把 100 克干麦草剪碎，放入 1 000 毫升水中搅拌，用组织捣碎机捣碎。然后加琼脂，继续捣碎呈糊状，装入试管灭菌。适宜于蘑菇菌丝生长及孢子萌发。由澳大利亚洛松先生研制成功。

（四）原种、栽培种培养基配方及制法

1. 锯木屑麦麸（米糠）培养基 锯木屑 78%（阔叶树屑），麦麸 20%，糖 1%，石膏 1%。水 110%～130%。

制作方法：先将糖溶于少量水中，把木屑、麦麸和石膏分别按比例称好，翻拌均匀。把糖水加入清水中，一起倒入混合料内，继续加水，一边加水一边翻拌，要求拌和均匀。然后装瓶操作，要求松紧适度，并且上下基本一致，料装至瓶肩高一点，以接种块不碰到棉塞为度，揿平且稍压实表面培养料。最后洗净瓶外及瓶内空间的残余培养料，要求不使水进入料中，待瓶口稍干后塞上棉塞，灭菌（0.137～0.147 兆帕，即 1.4～1.5 千克/厘米^2）1.5 小时。适宜于木腐菌类生长。

对本培养基中使用的原料有一些基本要求：锯木屑要求用阔叶树屑，其中以壳斗科树种的木屑为最好，硬杂木屑也属较好树屑，可直接使用，如是针叶树屑，一般不能直接使用（茯

苓等与松树共生除外)；麦麸或米糠要求无虫无霉变，米糠要选用清糠而不是白糠，更不是砻糠，麦麸注意不能掺假；糖则指普通的食糖。

2. **麦粒培养基** 小麦粒(熟)10千克，石膏133克，碳酸钙33克。

制作方法：取无瘪粒、无杂质的干小麦10千克，淘洗干净，浸12～15小时，加水烧煮，烧开后继续烧15分钟左右。然后切断热源，浸约15分钟，注意不要盖盖，使麦粒胀而不破。沥干水后立即摊开，晾干表面水分，捡去种皮破裂的麦粒，即为熟麦粒。称取10千克，将预先称好的碳酸钙33克及石膏133克拌入熟麦粒中，拌和均匀后装入瓶中，塞棉塞，0.13728～0.1471兆帕(1.4～1.5千克/厘米^2)，2小时灭菌。适用于各种菇类，尤其是蘑菇。

3. **稻草培养基** 稻草97%，过磷酸钙1%，硫酸铵1%，石膏1%。水150%～160%。适宜于草菇、银丝菇的生长。

4. **棉籽壳培养基** 棉籽壳90%，米糠8%，糖1%，石膏1%。适宜于木耳、草菇菌丝的生长。

5. **发酵草培养基** 发酵草(用50%粪肥干，50%麦草，另加1%石膏堆制发酵而成)100千克，石膏500克。加水至含水量60%～62%。氢离子浓度1～10纳摩/升(pH8～9)，用氢离子浓度10^{-5}纳摩/升(pH14)的石灰水调节。适宜于蘑菇菌丝的生长。

6. **生麦草干粪培养基** 生麦草25千克，干牛粪25千克，石膏1千克，石灰1千克。适宜于蘑菇菌丝的生长。

7. **松木屑培养基** 松木屑75%，米糠或麦麸20%，糖3%，石膏2%，水120%～130%；松木屑60%，玉米粉30%，麦麸10%，水120%～130%。适宜茯苓菌丝生长。

8. **小木块菌种培养基** 小木块80%，木屑米糠培养基20%。适宜香菇、木耳、银耳等段木生产。

9. **甘蔗渣培养基** 甘蔗渣(干)78%，米糠20%，石膏1%，黄豆粉(玉米粉)1%。水适量。适宜多种食用菌。

10. **综合培养基之一** 棉籽壳35%，木屑35%，麦麸25%，玉米粉3%，石膏1%，糖1%。适宜金针菇生长。

11. **综合培养基之二** 棉籽壳35%，木屑35%，麦麸20%，玉米粉5%，菜籽饼5%。适宜金针菇生长。

12. **棉籽壳(发酵)培养基之一** 棉籽壳50千克，过磷酸钙0.5千克，尿素1千克，石膏0.5千克，石灰1.5千克。适宜蘑菇菌丝生长。

制作方法：见第三章。

13. **棉籽壳(发酵)培养基之二** 棉籽壳50千克，干牛粪7.5千克，过磷酸钙0.5千克，石膏1千克，菜籽饼4千克，玉米粉2.5千克，石灰4千克，增温发酵剂(上海农科院食用菌研究所研制)25克。适宜蘑菇菌丝生长。

制作方法：见第三章。

14. **玉米芯培养基** 玉米芯79%，麦麸20%，石膏1%。适宜黑木耳菌丝生长。

15. **豆秸培养基** 豆秸44千克，麦麸5千克，石膏0.5千克。适宜黑木耳生长。

16. **竹荪培养基配方之一** 竹屑60%，木屑20%，麦麸(米糠)18%，糖2%。

17. **竹荪培养基配方之二** 碎竹60%，枯枝20%，腐殖土20%。

18. **竹荪培养基配方之三** 木屑50%，玉米粉(麦麸)25%，石膏粉1%，竹片(1～2厘米长)14%，黄豆秆粉10%。

19. 滑菇培养基配方之一 木屑 80%，甜菜粕 15%，麦麸 5%。

20. 滑菇培养基配方之二 玉米芯粉 70%，豆饼粉 20%，麦麸 10%。

三、灭菌与消毒

在人类的生活工作环境中，包括空气、水、土壤、用具等到处都有微生物的存在，而在某些特殊的生产和科研中常常需要进行纯培养，这就必须利用灭菌消毒技术来达到纯培养的目的。因此，我们可以说灭菌消毒技术是培养研究特定微生物必不可少的先决条件，这一技术已广泛应用于工业、农业以及防止疾病传染与物品腐败变质等方面。

人们根据对微生物的杀灭程度的不同，把杀菌这项工作分为 3 个等级，这就是灭菌、消毒和防腐。杀菌程度最高最彻底的技术是灭菌，它是采用物理或化学的方法，杀死物体上或环境中的一切微生物，包括营养体和孢子(芽孢)，使物体和环境成无菌状态；采用同样的方法，只杀死物体表面有害微生物如病原菌及工具表面的菌类的技术称消毒，常用的消毒技术一般只是杀死营养体而不能杀死孢子；用来防止或抑制微生物生长繁殖的技术称防腐，防腐是一个抑菌过程。

对微生物来讲，死亡表现于失去了繁殖能力，即使再放到合适的环境中也不再繁殖。物理、化学因素对微生物的致死作用，通常是以检查处理后的微生物能不能再繁殖为标准的。不同微生物对各种物理、化学因素的敏感性不同，同一因素不同剂量对微生物的效应也不同，或灭菌，或只起到消毒、防腐作用。微生物的不同生理状态对物理、化学因素的抗力是不相同的，一般说营养体抗性较孢子弱，老龄的、休眠的细胞抗性强于幼龄的代谢旺盛的细胞。

（一）常用灭菌方法

1. 加热灭菌法 利用高温（超过最高生长温度）来杀死微生物的方法。

温度是影响机体生长与存活最重要的因素之一。它对生活机体的影响表现在两方面：一方面随着温度的上升，细胞中的生化反应速率加快，生长速度就加快；另一方面机体的重要组成物如蛋白质、核酸等对温度较敏感，随着温度的增高而遭受不可逆的破坏。因此，只是在一定范围内，机体的代谢活动与生长繁殖才是随温度的上升而加速，温度上升到一定程度后就开始对机体产生不利影响。如温度继续升高，细胞功能急剧下降以至死亡。

加热灭菌的原理就是当高温作用于微生物细胞时，首先引起微生物细胞内原生质体的变化、酶结构的破坏，从而使细胞失去了生活机能上的协调，停止生长发育。随着高温的继续作用，细胞内原生质便发生凝固，酶结构完全破坏，活动消失，生化反应停止，渗透交换等新陈代谢活动消失，细胞死亡。

加热灭菌可分干热灭菌和湿热灭菌两大类。

（1）干热灭菌

①火焰灭菌法：直接利用火焰把微生物烧死，故又称焚烧灭菌法。采用此法灭菌既彻底又迅速，但只适用于金属制的接种工具、试管口及污染物品等的处理。常用工具有酒精灯、煤气灯、沼气灯等。方法是将需灭菌的器具在火焰上来回通过几次（火焰温度可达200℃以上），一切微生物的营养体和孢子可全部杀死，达到无菌程度。

②热空气灭菌法：即在电热恒温干燥箱中利用干热空气来灭菌。由于蛋白质在干燥无水的情况下不容易凝固，加上干热空气穿透力差，因而干热灭菌需要较高的温度和较长的时间。一般微生物的营养细胞在100℃干热1～2小时可杀死，细菌芽孢要在140～160℃2～3小时才被杀死，因此，热空气灭菌要将灭菌物品放在140～160℃的温度下保持2～3小时。具体操作方法是：将待灭菌的物品用牛皮纸或旧报纸包好，放入电热恒温干燥箱中；关闭箱门，接通电源，升温；待箱内温度升到140℃时开始计时，保持3小时，或160℃保持2小时；达到恒温时间后切断电源，让其自然降温；待箱内温度下降到60℃以下，打开门取出物品使用或翌日待用。

干热灭菌操作应注意以下几方面：一是温度不能超过170℃。二是严禁用油纸包扎。三是灭菌结束后一定要自然降温至60℃以下才能打开箱门，否则玻璃器皿会因温度急剧变化而破裂，包装用纸会因开箱补充氧气而燃烧。四是干燥箱内物品不宜放得太多，以免阻碍热空气流通，影响灭菌效果。

(2)湿热灭菌　即利用蒸气灭菌。湿热灭菌有高压蒸气灭菌、常压蒸气灭菌和间歇灭菌3种。

①高压蒸气灭菌：即利用高温高压蒸气灭菌。由于高压蒸气具有较强的穿透力和较常压为高的温度，加之蛋白质在湿热条件下容易变性，因此，高压蒸气灭菌是效果最好、使用最广泛的灭菌方法。

高压蒸气灭菌锅是一种特制的具有耐高压和可密闭的金属锅，除锅的主体部分外，还有压力表、温度表和安全阀、放气阀。在高压蒸气灭菌过程中，灭菌温度随着蒸气压力的增加而升高。蒸气压力与灭菌温度的关系见表2-1。

表 2-1 蒸气压力与灭菌温度的关系

压力 兆帕(千克/厘米²)	温度 ℃	压力 兆帕(千克/厘米²)	温度 ℃
0.007(0.07)	102.3	0.090(0.914)	119.1
0.014(0.141)	104.2	0.096(0.984)	120.2
0.021(0.211)	105.7	0.103(1.055)	121.3
0.028(0.281)	107.3	0.110(1.120)	122.4
0.035(0.352)	108.8	0.117(1.195)	123.3
0.041(0.422)	109.3	0.124(1.266)	124.3
0.048(0.492)	111.7	0.138(1.406)	127.2
0.052(0.563)	113.0	0.152(1.547)	128.1
0.062(0.633)	114.3	0.165(1.687)	129.3
0.069(0.703)	115.6	0.179(1.829)	131.5
0.073(0.744)	116.8	0.193(1.970)	133.1
0.083(0.844)	118.0	0.207(2.110)	134.6

在使用高压灭菌锅时,要完全排出锅内的空气而以饱和蒸气代之。如果空气不排除干净,则锅内温度将低于同样压力下由纯饱和蒸气产生的温度,这样就要影响灭菌的效果。灭菌锅内空气排除程度的影响见表 2-2。

此法适用于各种耐热物品的灭菌,如一般培养基、生理盐水等各种溶液、玻璃器皿、工作服等。所采用的蒸气压力与时间,应根据待灭菌物品的性质、体积与容器类型等决定。如马铃薯葡萄糖培养基灭菌采用蒸气压力为 0.098～0.118 兆帕(1～1.2 千克/厘米²),时间为 30～40 分钟;而体积大,热传导性能较差的木屑米糠培养基、棉籽壳培养基等需采用

0.137～0.147 兆帕(1.4～1.5 千克/厘米^2)压力，时间 1 小时才能达到灭菌要求；发酵草料培养基、河泥粪培养基等则需用 0.196～0.245 兆帕(2～2.5 千克/厘米^2)压力，3～4 小时灭菌。

表 2-2　灭菌锅内空气排除程度的影响

压　力(兆帕)	灭菌器内温度(℃)				
	空气未排除	1/3 空气排除	1/2 空气排除	2/3 空气排除	空气完全排除
0.035	72	90	94	100	109
0.069	90	100	105	109	115
0.103	100	109	112	115	121
0.138	109	115	118	121	126
0.172	115	121	124	126	130
0.207	121	126	128	130	135

高压蒸气灭菌的操作步骤(以手提式灭菌器为例)：一是加水，直接向灭菌锅内加水，加水量溢过三脚架 1 厘米左右。二是装物。将待灭菌的物品放在内胆中，注意不宜放得过紧密，以利蒸气流通。三是密封。将盖上的软管插入内胆边上的槽内，上下对齐螺栓，以对角线方式拧紧，切勿漏气。四是加热。可用电炉、煤气炉、煤油打气炉、煤炉等加热至水沸腾时，排尽冷空气，然后关上放气阀让其升压。五是灭菌。待达到需要压力(温度)时，关小炉火使其保持恒温，此时开始计时。六是降温。达到一定压力保持一定时间后可关闭热源，让其自然降温。七是取物。待压力降至“零”时，打开放气阀，松开螺栓开盖，取出物品，并将锅内剩余的水倒掉，以免日久锅底积垢。

如果灭菌锅下连着加热器的，最好加蒸馏水，以减少积垢。

使用高压蒸气灭菌锅的注意事项：第一，灭菌锅内的冷空气必须排尽。锅内空气排除方法有缓慢排气和集中排气两种。缓慢排气法是在开始加热时就打开排气阀，随着锅内蒸气增加，压力加大，温度逐渐上升，锅内的空气便从排气阀逐渐排出，当温度上升到 100℃时，大量蒸气从排气阀排出，气流逐渐变急，呈直线状，维持排气 1～2 分钟后关闭气阀，升压至所需压力并保持一定时间，即达灭菌目的。集中排气法则在开始加热时就关闭排气阀，当压力升到 0.049 兆帕(0.5 千克/厘米^2)时，打开气阀排出空气，待压力降至刻度“零”时关闭气阀，继续加热升压计时灭菌。第二，灭菌锅内的物品排放不能过密，否则蒸气流通不畅，会影响温度的均一性，造成死角，导致灭菌不彻底。第三，灭菌结束应自然降压或缓慢排气降压，排气太快，棉塞会被冲掉，灭菌物品如是液体的，则液体会冲出，造成灭菌失败。第四，灭菌锅要经常检修、保养，保持管道畅通，避免事故。

②常压蒸气灭菌：这是采用自然压力(即 1 个大气压)，100℃蒸气进行灭菌的方法。它设备简单、成本低，只要砌一个炉灶，买 1～2 只大锅，上面用砖和水泥砌成，也可用大铁桶、木桶等，体积大小可自行决定，但不宜过大，以装 800～1 500 瓶为好。设计常压灶时应注意的问题：大小根据生产规模来定，灶顶部最好制成拱圆形，这样冷凝水可沿灶的内壁下流而不会打湿棉塞；灶仓内要有层架结构，以便分层装入灭菌物；灶上应安装温度计，可随时观察灶内温度的变化；因灭菌时间长，锅内水不够蒸发，故容量大的灶要安装加水装置；灶仓的密闭程度要尽可能高，这样既可提高灭菌效果，又可节省燃料。

常压灭菌一般水烧开后保持 8～10 小时，闷一夜即可。

③间歇蒸气灭菌法：这是利用常压蒸气反复几次灭菌的方法。具体做法是将待灭菌物品放在锅内，100℃处理 1 小时左右2杀死微生物的营养细胞，让其冷却至 30℃左右，此时芽孢会萌发，再以同样方法加热处理，反复 3 次，可达到灭菌目的。该方法可用于不耐高温的药品、营养物、特殊培养基的灭菌。

2. 过滤灭菌法 这是采用机械的方法，设计一种滤孔比细菌还小的筛子，做成各种过滤器，通过机械过滤，只让液体培养基从筛孔流下，各种微生物菌体则留在筛子上，从而达到除菌的目的。这种方法适用于对热不稳定的体积小的液体培养基(如动物血清、蛋白质、酶、维生素等)及气体的灭菌。超净工作台的工作原理就是将带菌空气通过过滤灭菌形成无菌空气，从风洞中打出，来造成工作台范围的无菌状态。过滤灭菌的最大优点是不破坏培养基中各种物质的化学成分。

常用的过滤器有用硅藻土制的、石棉制的、陶瓷土制的，也有用火棉胶、硝化纤维素滤膜制成的。

3. 辐射灭菌法 辐射是通过波动或粒子在空间高速进行而传递能量的一种物理现象。利用辐射产生的能量进行杀菌的方法称辐射灭菌。辐射可分电离辐射和非电离辐射两种，α射线、β射线、γ射线、X 射线、中子和质子、微波等属电离辐射，紫外线、日光为非电离辐射。

(1)射线灭菌 α，β，γ，X 射线的波长极短，如 X 射线波长为 0.6～136 埃(A°)，γ射线波长为 0.1～1.4 埃，但它们的辐射能很大。在液体中，射线能使水电离成 H^+和 OH^-，它们是强烈的还原剂和氧化剂，可直接作用于微生物细胞本身，使微生物死亡。在一定范围内，射线的杀菌作用与剂量成正比。

电离辐射的剂量单位是伦琴(R),1个伦琴表示在1平方厘米空气能形成 2.08×10^9 个离子对的能量。

射线对微生物的杀菌作用与微生物所处的环境条件、微生物的类型及其生理状态有关。一般芽孢比营养体耐电离辐射,干燥状态比液体中耐辐射,无氧参加下比有氧参加下耐辐射。

(2)紫外线灭菌　紫外线的波长范围在136～3 900埃,其中波长2 000～3 000埃的紫外线具有杀菌作用,而波长为2 600埃左右的紫外线杀菌效率最高。特制的紫外线杀菌灯采用的是波长为2 537埃的紫外线,具有最高杀菌效应。由于紫外线透过物质的能力很差,即使一薄层玻璃也将被滤掉大部分,因此,紫外线杀菌灯只适用于空气及物体表面的杀菌。一般紫外灯照射20～30分钟即达目的。紫外线对细胞的有害作用是由于细胞中很多物质吸收紫外线后,其蛋白质、核酸等发生变性以至死亡。干细胞比湿细胞对紫外线的抗性强,孢子比其营养细胞对紫外线更具抗性。

市售紫外线杀菌灯有多种规格,有30瓦(灯管长1米)、20瓦(灯管长60厘米)、15瓦(灯管长47厘米)等,其中以30瓦的应用最多。紫外线的有效作用距离为1.2～2米。

(3)微波灭菌　微波是指波长1 000微米～1 000毫米的电磁波。由于微生物的细胞中都含有70%～90%的水分,水分子在微波电场中被极化,并随着电场方向的改变而转动,在转动过程中分子之间高速度摩擦产生热能,这种热能不同于外部加热,可在短时间里使细胞爆破而物体本身的温度却只有极微增加,从而达到灭菌效果。用YM7601型微波炉只需60秒钟就能杀死食品中192万个大肠杆菌。关于微波在食用菌上的应用,会随着微波炉的普遍使用而加强,限于容量,不能大面积应用。微波灭菌的效果可以从下面的实验得到证明。实验设 3 个处理：处理 Ⅰ 为常规灭菌培养皿（160℃2 小时）加微波灭菌培养基（微波低档 15 分钟后转高档 2 分钟）；处理 Ⅱ 为微波灭菌培养皿加常规灭菌培养基（0.118 兆帕 30 分钟）；处理 Ⅲ 为对照，常规灭菌培养皿加常规灭菌培养基。分别接种香菇、黑木耳、平菇、金针菇各 4 个平板，25℃培养 12 天。结果处理 Ⅰ，Ⅱ 与对照均未发现杂菌污染。观察菌丝生长并测定生长速度与对照相比均无异常。

（二）常用消毒方法

1. 低温消毒 又称巴斯德消毒法。这是根据著名科学家巴斯德所提出的原理——在 60～66℃的低温下可以把大部分营养细胞杀死，应用于蘑菇培养料的后发酵过程，杀死有害于蘑菇的杂菌和害虫。

2. 沸水消毒 主要用于金属器具、针筒等的消毒，在沸水中烧煮 20～30 分钟，可杀死微生物的营养体，细胞芽孢则需 1～2 小时才能杀死。若在水中加入 2%～5%的石炭酸溶液少许，可大大缩短消毒时间。如加入 1%碳酸氢钠可提高水的沸点，加速芽孢死亡，并能防止金属器械因烧煮而生锈。

3. 干燥消毒 利用物质干燥使微生物失水，以达到杀菌或抑菌的目的。微生物细胞含有 70%～90%的水分，水在微生物生命活动中又是不可缺少的物质，所以微生物失水后就会趋向死亡。人们常利用这一特性来对食品、药品等作较长期的保存。蘑菇、草菇、香菇等各种菇类的干品，就是将新鲜菇类经切片或整菇通过脱水干燥，杀死不耐干燥的微生物，同时创造不适宜微生物生长的干燥环境条件，从而作较长时间的保存。

4. 渗透压消毒 利用高渗透压或低渗透压杀菌或抑菌的方法称渗透压消毒。常用高浓度盐或糖溶液甚至晶体腌渍蔬菜、肉类及蜜饯等，通常用的盐溶液浓度为20%左右，糖溶液浓度为50%～70%。

5. 化学药剂消毒 这是利用化学药剂进行杀菌或抑菌的方法。一般用于杀死微生物的药剂称消毒剂，用于抑制微生物生长的药剂称抑菌剂或防腐剂，实际上两者并无严格区别。下面介绍几类主要消毒药剂：

(1)酸碱 强酸与强碱具有杀菌力。无机酸如硫酸、盐酸等，杀菌力强，但由于腐蚀性大，实际上不宜作消毒剂。某些有机酸如苯甲酸可用作防腐剂。强碱可用作杀菌剂，但由于它们的毒性大，其用途局限于对排泄物及仓库、棚舍等环境的消毒。

(2)重金属及其化合物 大多数重金属包括它们的化合物是有效的杀菌剂或防腐剂，如汞、银、铜、铅、锌等。由它们所组成的化合物，主要有以下几种：

①氯化汞(升汞)：糙白色结晶体，杀菌力极强，10ppm就能杀死微生物，常用浓度为0.1%，主要用于食用菌的菌种分离中。配制方法：称取升汞1克，放于少许95%乙醇中溶解，然后加水至1 000毫升，搅拌均匀即成。升汞为剧毒药物，需妥善保管，安全使用。

②硝酸银：呈液体状，0.1%～1%硝酸银可用作皮肤消毒。配制方法：量(吸)取1～10毫升硝酸银加水至1 000毫升，搅拌均匀即成。

③硫酸铜：与石灰配制的波尔多液常用作菇房及床架的消毒。波尔多液是以硫酸铜石灰等量式100～200倍的配合式，即硫酸铜1千克，石灰1千克，水100～200升。配制时先

将硫酸铜、石灰分别在水中溶化，同时倒入另一只木桶或大缸内，边倒边搅拌，即成天蓝色的波尔多液。配制要用木头或陶瓷的盛器，随配随用，不宜久贮。用喷雾器喷洒。

(3)有机化合物 酚、醇、醛等有机化合物能使蛋白质变性，常用作杀菌剂。

①苯酚：又称石炭酸。呈液体状，时有结晶，使用浓度为5%，喷雾消毒空气。

配制方法：取5毫升苯酚原液加水95毫升，搅拌均匀即成。由于苯酚具较强腐蚀性，故配制及使用时注意不要沾到皮肤与衣服上。

②煤酚皂液：又称来苏儿。呈液体状，是甲酚和肥皂的混合液，常用浓度3%～5%，使用于接种室(箱)、培养室台面、地面、工具等。

③乙醇：又称酒精。是良好的脱水剂、蛋白质变性剂及脂溶剂，70%～75%乙醇杀菌效果最好。

乙醇具脱水作用，作为消毒剂使用时，其分子能进入杂菌蛋白质肽链的空隙内，使杂菌蛋白质变性或沉淀，从而使菌体细胞失去生命力而达到消毒的目的。

无水酒精及95%酒精杀菌力很低，其原因是高浓度的酒精与杂菌菌体接触后，会立即引起菌体表层蛋白质的凝固，形成一层保护膜，使酒精分子无法进一步渗入菌体细胞内，因而达不到杀菌目的，所以通常将酒精稍加稀释，提高其杀菌效率。

④甲醛：又称福尔马林、福美林。原液浓度为37%～40%，有较强的腐蚀性与刺激性。原液作熏蒸用，主要用于接种箱(室)、培养室、栽培房等空间的消毒。使用方法是将甲醛原液与高锰酸钾混合熏蒸，用量为每立方米空间10毫升加高

锰酸钾少许(5克左右)。5%甲醛溶液还常用于防腐及作物种子表面消毒,真菌标本浸制液中一般加5%~10%的甲醛溶液用来作防腐剂。

(4)氧化剂　常用作杀菌剂的氧化剂有高锰酸钾、过氧化氢、臭氧、漂白粉、漂粉精等。

①高锰酸钾:暗红色结晶,常用浓度0.1%~0.2%。配制时称取高锰酸钾1~2克,加水1 000毫升,充分搅拌使其溶解即成。

②漂粉精片:漂粉精片的有效成分为次氯酸钙,使用浓度为400ppm。配制方法是取漂粉精片1片,将它研碎,先加少许水调制成糊状,然后加半升水,充分搅拌即成。注意使用漂粉精片溶液时一定要随配随用,否则会影响杀菌效果。

③漂白粉:白色粉末状,使用浓度为2%~5%。配制方法是称取漂白粉2~5克,加水95~98毫升,充分搅拌即成。注意要随配随用。

(5)表面活性剂　具有降低表面张力效应的物质称为表面活性剂。

①肥皂:是脂肪酸的钠盐,是温和的杀菌剂。

②新洁尔灭:是表面活性强力杀菌剂。能破坏微生物细胞膜的渗透性,达到杀菌效果。原液浓度5%,常用浓度为0.1%,用作皮肤、金属器械的消毒。配制方法是取1份新洁尔灭原液加水50份混匀即成。

常用消毒剂的使用浓度与应用范围见表2-3。

表 2-3 常用消毒剂使用浓度与应用范围

类别	品名	物理状态、浓度、性质	使用浓度	应用范围
醇	乙醇	液体,无水,95%,75%	70%~75%	皮肤、菌种瓶、工作台
酚	苯酚	液体,强腐蚀性	5%	空气消毒(喷雾)
	来苏儿	液体	3%~5%	空气消毒(喷雾)
醛	甲醛	液体,37%~40%,强刺激性,强腐蚀性	原液	接种箱(室)、栽培房、培养室熏蒸
重金属盐	升汞	糙白色结晶,剧毒	5%~10% 0.1%	配制标本浸制液 分离菌种
	波尔多液	硫酸铜与石灰配制	1:1:100~200	栽培房及床架
氧化剂	高锰酸钾	暗红色晶体	0.1%~0.2%	菌种瓶,皮肤,水果等
	漂白粉	白色粉末	2%~5%	培养架,饮水
	漂粉精片	白色药片	400ppm	培养架,饮水
表面活性剂	新洁尔灭	液体,5%	0.1%	皮肤,金属器械

(6)介绍几种新产品

①气雾消毒盒:科达上卫制品有限公司福建蘑菇菌种研究推广站生产。

②食用菌制种消毒剂:AFD-A 型华光牌,上海嘉定封浜食用菌消毒剂厂生产。

第三章　食用菌制种技术

目前人工栽培的食用菌都是从采集野生的子实体经分离驯化而来的。通过长期的实践与研究，已建立起一套科学的菌种分离与繁殖技术。

一、食用菌菌种的分离及扩大繁殖

（一）孢子分离法

孢子是食用菌的基本繁殖单位，用孢子来培养菌丝体是制备食用菌菌种的基本方法之一。孢子分离法是利用子实体的孢子成熟后能自动从其子实层中弹射出来的特性，在无菌条件下使孢子在适宜的培养基上萌发、生长成菌丝体，从而得到纯菌种的方法。孢子分离法有以下几种：

1. 孢子弹射法　分离用的材料（以下称种菇）要选择群体生长势强中的优良个体，并要求特征典型，成熟度适当，无病虫危害的子实体。根据子实体的不同形态，采集孢子的方法有两大类。

（1）*整菇插种法*　这是伞菌类食用菌的孢子采集方法。将整个成熟度适当的优良种菇在无菌操作下插入无菌孢子收集器内，置适温下让其自然弹射孢子。下面分别以香菇、蘑菇为例详述分离方法。

①*香菇孢子采集*：分离前要准备好无菌孢子收集器，并做好接种箱的消毒工作。然后按要求选择，将八九分成熟度（菌

盖边缘全部放平）的子实体采下，切去部分菇根（留下2厘米左右），在无菌箱（室）内用蘸有75%酒精的药棉揩拭菌盖的表面及菌柄，然后将处理后的种菇用医用镊子夹住菌柄插入孢子收集器的金属支架上，放在23～25℃下24小时，即可看到落下的白色孢子堆。将整个装置拿到无菌箱内，无菌操作将种菇连同金属支架一起拿掉，盖好培养皿，用透明胶带封好，备用。

②蘑菇孢子采集：分离前准备好无菌孢子收集器、烧杯、无菌水、无菌纱布及0.1%升汞溶液，并做好接种箱的消毒工作。将几天前选择好的种菇留至菌膜将破未破时采下，切去菇根带泥部分，在无菌箱内用0.1%升汞溶液作表面消毒。方法是把种菇放入0.1%升汞溶液内约1分钟，用镊子夹出，拿无菌水冲洗数次，再用无菌纱布将菇表面水吸干，插入孢子收集器的金属支架上。为满足种菇开伞弹射孢子时的湿度要求，在孢子收集器盘中的纱布上倒些无菌水，仍把纱布包扎好。在22～24℃条件下放2天左右，孢子会自然落下。蘑菇的孢子堆呈棕色至深棕色。同香菇孢子采集一样，把落有蘑菇孢子的培养皿封好备用。

（2）钩悬法　常用于不具菌柄的食用菌子实体的孢子采收，如银耳、木耳等。具体方法是首先准备好无菌水1～2瓶，无菌烧杯2只，无菌纱布数块，装有约1厘米厚马铃薯葡萄糖培养基的三角瓶数只，金属钩数只。操作时选取八九分成熟（耳片充分展开，但尚有弹性）的健壮子实体，用小刀割下，削去耳根及基质碎屑，带入无菌箱内。掰取肥大的耳片放入烧杯内，倒入无菌水洗涤，然后用无菌水冲洗数次，再用无菌纱布吸干水分。将经处理的耳片钩在金属钩上，悬挂在三角瓶内（注意耳片不要接触培养基表面，以免感染杂菌）塞上棉塞（图

3-1）。在 23～25℃条件下放 24 小时，孢子会落到培养基上。然后把三角瓶拿到无菌箱内，取出金属钩与耳片，塞上棉塞，继续培养，银耳孢子萌发长成酵母状芽孢，木耳孢子则长出菌丝体。

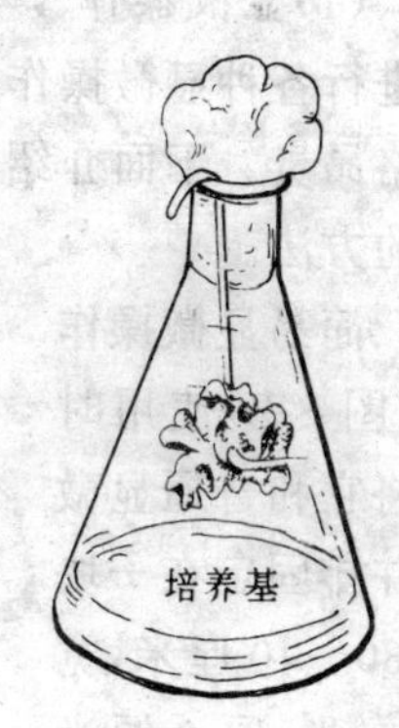

图 3-1　钩悬法

2. 菌褶涂抹法　取成熟的伞菌，切去菌柄，在接种箱内用 75%酒精进行菌盖菌柄表面消毒，然后用经火焰灭菌并冷却后的接种环插入两片菌褶之间，并轻轻抹过菌褶表面，此时接种环上就粘有大量的孢子，可用划线法将孢子涂抹于 PDA 试管斜面上或平板上，放适温下培养，数天后就会萌发成肉眼可见的菌丝体。

3. 孢子印分离法　将成熟的新鲜子实体切去菌柄，菌褶向下，放在无菌的黑色或白色纸上，用通气钟罩罩上，放 20～24℃静止环境约 24 小时，轻轻拿去钟罩，这时大量的孢子已落在纸上，白色孢子的用黑色纸，深色孢子的用白色纸，这样孢子印就能清晰可见。带有孢子印的纸可无菌保存备用。

4. 空中孢子捕捉法　香菇、平菇等伞菌成熟后，大量的孢子会自动弹射出来，在子实体周围形成似烟雾的“孢子云”，这时可将培养基平板或装有培养基的试管口对准孢子云飘动的方向，使孢子附着在培养基表面，盖上皿盖或塞上棉塞。整个过程动作要迅速敏捷。

以上介绍的是多孢子分离方法，优点是操作简单，没有不孕现象，是孢子分离的基础。但应用有局限性，要进行育种，从孢子中选优及做杂交，必须作单孢子分离。

5. 单孢子分离法

(1)显微操作器单孢分离法　显微操作器是一种用机械手进行各种显微操作的专门设备。它操作方便，迅速，准确，但价格昂贵。下面介绍一种自制的简易显微操作器进行单孢分离的方法。

简易显微操作器(图 3-2)使用时要将它和普通显微镜并排固定在一块长 30～40 厘米，宽 25 厘米，厚 2 厘米的木板上配套使用。安装时先将显微镜固定在木板的一端，显微操作器放在另一端，调节位置，使固定夹的位置略高于显微镜载物台台面，使它和物镜连线平行于木板边线。将针柄固定在夹上，调节针尖位置至视野中心。按此相对位置将显微操作器固定在木板上。操作时一面用升降螺旋调节针的垂直位置，一面用推进器移动载玻片，调节目的物的水平位置。

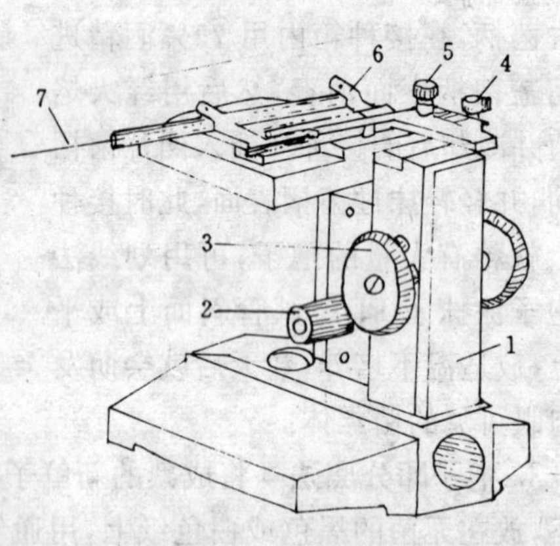

图 3-2　简易显微操作器

1. 立体　2. 微调升降螺旋　3. 粗调升降螺旋　4. 纵向移动螺旋　5. 横向移动螺旋　6. 固定夹　7. 显微针具

装在显微操作器上的细针是直接的工作部位，一般用细玻棒拉制而成，针长 4～5 厘米、直径 0.8～1 毫米，端部向上作垂直弯曲，长 3～4 毫米，末端尖细，基部用粘合剂固定在针柄上。针柄用长 20 厘米左右、直径 3～4 毫米的金属管较合适。

操作时，针尖垂直向上，载玻片反扣在针尖上方，有目的物(食用菌孢子)的一面向下。为此，需要在载物台上放一框架，将载玻片架起。一般是将一个“匚”形的透明有机玻璃粘固在一块普通载玻片上制成，称支架载玻片。有机玻璃框高 0.8～1 厘米，纵向长 3～4 厘米，外边横宽 2 厘米左右，上表面光滑平整。

用简易显微操作器分离单孢步骤如下：

第一步，把支架载玻片放在载物台上，倒扣一张玻片标本在框上，调整显微镜(用 10～20 倍物镜)至看清目的物，移去玻片，保持镜筒位置。

第二步，调整玻针位置，使针尖正好在显微镜视野中心，然后旋动微调升降螺旋，直到隐隐约约看见针尖为止。

第三步，用接种铲铲起一块约 15 毫米×6 毫米×1 毫米的 2%水琼脂块，放在载玻片中部；另外再铲一块 3～5 毫米见方的琼脂块，用它粘取少许食用菌孢子，再用粘有孢子的一面与载玻片上琼脂块的中段表面轻轻接触几下，孢子就转移到载玻片上了。

第四步，把粘有孢子的玻片倒扣在支架玻片上，调节显微镜和显微操作器到同时看到孢子和针尖。移动推进器，使针尖对准分散单个的孢子，慢慢上调操作器，使针尖缓缓接近单孢，直到将它吸附在针尖周围的水膜中。

第五步，操作推进器，使载玻片与针尖相对移动。待孢子随针尖移到预定地点，下调针尖，使它脱离琼脂表面，把孢子放在预定位置，并用针尖在移入孢子的小琼脂块与主体块的连接处划线作标记。如此操作，直到各预定位置都移入单孢。

第六步，迅速把移好单孢的玻片取下，在无菌操作条件下，把带有单孢子的小琼脂块移到培养基平板上，每皿数块，适温培养。每隔1～2天在低倍镜下观察孢子萌发及菌落生长情况，发现有萌发的菌落立即转入空白的培养基上，以得到单孢的纯培养。

(2)平板稀释法　挑取少许孢子放在无菌水中，充分摇匀成孢子悬浮液，然后吸1～2滴孢子液在马铃薯葡萄糖琼脂培养基平板上，用无菌玻璃刮刀把液滴涂抹均匀，使孢子分散，适温培养。几天后观察孢子萌发情况，在单个孢子旁做好标记，继续培养，直到看见小白点后挑取转移到斜面培养基上，待菌落长到1厘米左右时镜检，观察有无锁状联合，以确定是否单核菌丝。

(3)连续稀释法　预先准备好装有10毫升无菌水的试管1支，装有9毫升无菌水的试管数支。挑取少许孢子放入10毫升无菌水中充分振荡，使孢子分散，从中取出1毫升孢子液放入9毫升无菌水中，依次操作，直到在低倍镜下检查一个视野内只有1～2个孢子为止。然后用无菌注射器在最后一个稀释液中吸取孢子液，滴在斜面培养基上或滴在平板上，均匀涂抹，每管1～2滴，使孢子液缓缓流下，适温培养。注意观察孢子萌发情况，发现单个菌落时，立即转移到空白培养基上，继续培养，镜检。

(4)毛细管法　用玻璃毛细管吸取稀释后的孢子悬浮液，滴在无菌培养皿盖的内方，点样的地方做好标记，点样后的培养皿仍盖在有琼脂培养基的底皿上。镜检后确定液滴是单孢子的做好标记，取一小块培养基放到单孢液滴旁，轻轻推动让其接触液滴。注意切不可盖住液滴，以免影响孢子萌发。待菌丝长到培养基上后，转移到空白培养基上，适温培养，即得到单核菌丝。

(二)组织分离法

这是利用子实体内部组织(菌肉、菌柄)、菌核或菌索来分离获得纯菌种的方法。食用菌的子实体实际上就是双核菌丝的纽结物,它具有很强的再生能力,因此,只要切取一小块组织,把它接种到适宜的培养基上,适温培养,就能得到纯菌丝体。这是一种无性繁殖方法,具有操作简便,有利于保持原有品系的遗传特性,分离成功率高等特点。

1. 子实体组织分离方法

(1)伞菌类组织分离　以香菇为例。

①器材准备:解剖刀或小刀、接种针、马铃薯葡萄糖琼脂培养基、酒精灯、火柴、药棉及75%酒精。

②分离操作

A. 选好种菇:要求个体健壮、特征典型,七八分成熟度。

B. 分离:把种菇带入无菌箱,切去部分菌柄。用75%酒精棉揩拭菌盖与菌柄,再用经火焰灭菌的解剖刀在菌柄中部纵切少许,然后用手撕开,取菌盖或菌柄组织一小块(注意不要碰到菌褶),接种到马铃薯葡萄糖琼脂斜面上,每管一块。

C. 培养:将试管放25±1℃培养,一般情况下组织块先转为黑褐色,大约1周后组织块上长出白色绒毛状菌丝(图3-3)。

(2)胶质菌组织分离　以黑木耳为例。

①器材准备:解剖刀、接种针、马铃薯葡萄糖琼脂培养基、无菌水、无菌纱布、无菌烧杯、酒精灯、火柴、药棉及75%酒精。

②分离操作

A. 选择种耳：选择开片好、耳片厚、富有弹性的健壮子实体瓣片数片。

B. 分离：把耳片带入无菌箱（室）内，用无菌水冲洗干净，放无菌纱布上吸干水分，再用酒精棉揩擦消毒；用解剖刀将耳片两层分割开，取耳片内部组织少许（注意不要搞破耳片）放入马铃薯葡萄糖琼脂培养基上，每管少许。

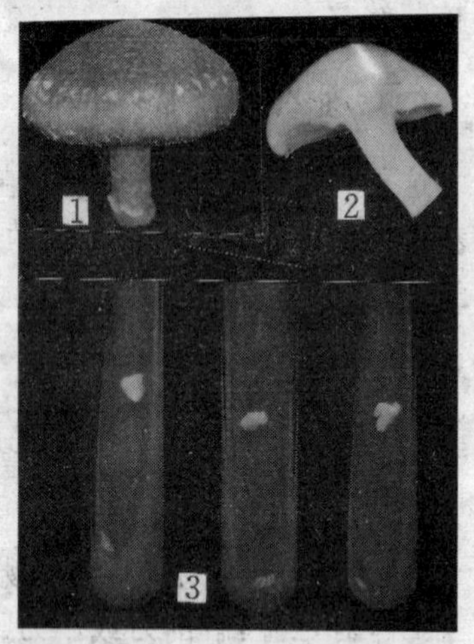

图 3-3　香菇（伞菌类）组织分离

1. 种菇　2. 种菇剖面

3. 组织块接入试管

C. 培养：分离完毕后把试管放在 27±1℃下培养，三四天后能看到菌丝体。

2. 菌核组织分离方法　以茯苓为例。

(1)器材准备　同黑木耳分离。

(2)分离操作

①选择种菇：选择幼嫩、未分化、表面无虫斑、杂菌的新鲜个体。

②分离：选好种菇后，先将表面泥土杂物冲洗干净，擦干后带入无菌箱。用无菌水再行冲洗，无菌纱布吸干水分，用酒精棉消毒种菇表面。用经火焰灭菌的解剖刀把茯苓对半切开，取中间组织一小块接种在马铃薯葡萄糖琼脂培养基上。

③培养：26～30℃下培养。

用菌核作分离材料时所挑取的组织块应比子实体组织块

大些，因为菌核组织是一个贮藏器官，其中大部分是贮藏物质，菌丝数量较少，若组织块太小，分离不易成功。

3. 菌索分离方法 以蜜环菌为例。

(1)器材准备 解剖刀、接种针、培养基、尖头镊子、无菌培养皿、酒精灯、火柴、药棉及75%酒精。

(2)分离操作

①选分离材料：尽量选取粗壮、无虫蛀的菌索数根。

②分离：选好菌索后先将表面的泥土、杂物冲洗干净，吸干水分后带入无菌箱。用酒精棉消毒菌索表面，再用经灭菌的锋利的解剖刀将菌鞘割破后小心剥去，注意不要搞断，把里面的白色菌髓立即放入无菌培养皿中。取一小段菌髓组织接入培养基斜面上。

③培养：在23～25℃条件下培养。

菌索组织从土中取出比较细小，分离较为困难，容易污染。为提高分离的成功率，可在培养基中加入抗生素作抑菌剂，常用青霉素或链霉素，浓度一般为40ppm，配制时在1 000毫升培养基中加1%青霉素或链霉素4毫升即可。

(三)基质菌丝分离法

基质菌丝分离法一般是在得不到子实体或子实体过小又薄，采用组织分离或孢子分离难以得到菌种的情况下采用。像银耳一类有伴生菌的菇类也常采用基质菌丝分离法。

1. 耳木(菇木)分离法 以银耳为例。

(1)器材准备 0.1%升汞液、无菌水、无菌纱布、厚背解剖刀或较坚实的小刀、小铁锤、烧杯、镊子、马铃薯葡萄糖琼脂斜面培养基或加有抗生素的培养基。

(2)分离时机 采取耳木分离时，无论是人工栽培的还是野生采集的，都必须在该菌的生长季节进行。因为，在自然界里，特别是野生的耳木、菇木种类繁多，只有通过子实体才能辨认，才能知道这种菇或耳的形态、大小及有无采集分离的必要等，然后再根据需要作选择性采集。

(3)分离操作　把采集到的耳(菇)木，取长子实体的部位两侧各1～2厘米的木段，锯成1厘米左右厚度的木片3～5片，带入无菌箱(室)，切取子实体生长部位周围的一个三角，把它浸在0.1%升汞溶液中进行表面消毒30～60秒，消毒时间根据耳木材质坚硬程度决定。材质坚硬、质地紧密的，消毒时间可长些；反之则要短些。经升汞液消毒后取出，用无菌水冲洗，要反复冲洗数次，再用无菌纱布把水吸干，放到干净的无菌纱布上，用无菌的刀切去树皮，将它劈成薄片，再劈成小块，大小似火柴梗或略大，每一管培养基接一小块，最后放在22～25℃下培养。在培养过程中每天都要检查有无杂菌感染，并及时淘汰感染试管(图3-4)。

2. 土中菌丝分离法　这是利用腐生菌的地下菌丝体分离得到纯菌种的方法，是在取不到子实体而又需要时才采用。具体方法是取腐烂菇体下与菇根相连的菌丝体，尽可能选择粗壮的菌丝束，拿回后用流水轻轻反复冲洗，最后用无菌纱布吸干，取菌丝束的尖端部分，接入加有抗生素的培养基中，25℃左右培养。选择没有杂菌感染的纯菌丝体，进行出菇试验，待长出子实体就能确认是不是所需要的菌种。

(四)菌种的扩大繁殖

用孢子分离、组织分离或基内菌丝分离等方法得到的菌种都称它为母种(一级种)。如拿它直接用来制作栽培种，要求数量很多，成本太高，因此，一般都要进行扩大繁殖。但母种的

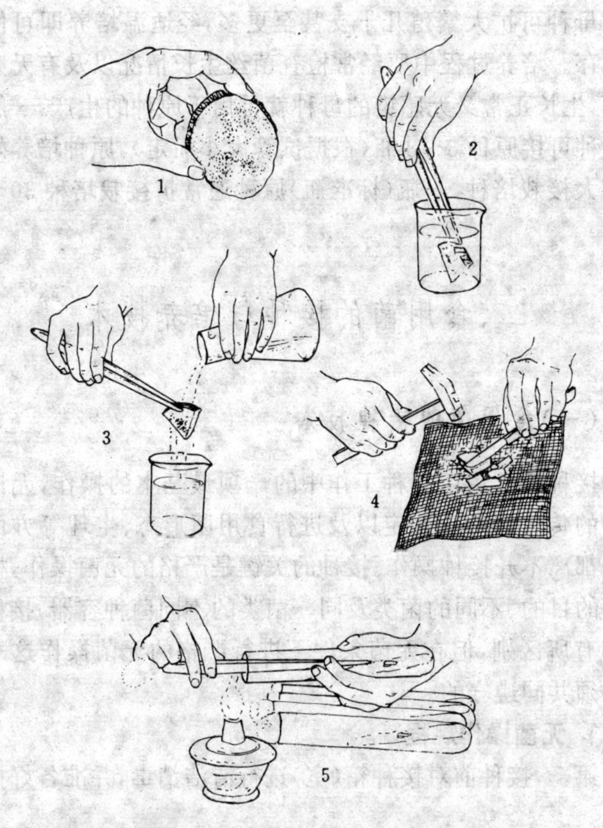

图 3-4　耳木分离法示意图

1. 锯下耳棒有子实体的部位（此处木片有浅灰色斑纹）　2. 取有子实体部位的一角，浸入 0.1%升汞溶液中消毒　3. 用无菌水冲洗残留在木片上的升汞液　4. 吸干水分后，用灭过菌的小锤、解剖刀切去树皮，并把木片劈成小块　5. 用镊子将小木块放入装有斜面培养基的试管内

扩大繁殖次数要尽可能少，一般第一次扩大繁殖数量可多些，

除用于生产原种外，可保存一部分(4℃冰箱保存)备用。一般一支母种可扩大繁殖几十支甚至更多，经适温培养即可使用及保存。培养过程中要经常检查菌丝生长情况以及有无杂菌感染，生长正常又无感染的母种就可用于原种的生产，一般一支母种可接原种3～8瓶(根据试管大小而定)，原种培养好后再扩大接栽培种，一瓶(标准瓶)原种通常扩接栽培种30～50瓶。

二、食用菌的接种与培养技术

(一)食用菌的接种技术

接种是食用菌制种工作中的一项最基本的操作，无论是菌种的传代、分离、鉴定以及进行食用菌形态、生理等方面的研究都离不开接种操作。接种的关键是严格的无菌操作，根据不同的目的、不同的菌类及同一菌类的不同菌种容器，接种方法都有所区别，但在无菌条件下进行严格的无菌操作这一点是必须共同遵守的。

1. 无菌操作规程

第一，接种前对接种箱(室)进行清洁消毒，并准备好接种用具。

第二，将待接种的培养基(如马铃薯葡萄糖琼脂培养基或原种培养基或栽培种培养基)放入接种箱内或室内架子上，用药物熏蒸，有条件的可用紫外线灯灭菌20～30分钟。

第三，换好清洁的衣服，用新洁尔灭溶液清洗菌种容器表面及棉塞，同时洗手，然后将菌种带入接种室(箱)内。

第四，取少许药棉，蘸上75%酒精擦拭双手、菌种容器表面、工作台面及接种工具。

第五，点燃酒精灯开始接种操作。因火焰周围 8～10 厘米半径范围内的空间为无菌区，所以接种操作必须靠近火焰，但要注意不要烧伤菌种。

2. 接种方法

(1)*母种接种*　按上述要求做好无菌操作准备以后，首先拔去菌种瓶(管)棉塞，夹在右手指缝间或放在酒精灯旁的酒精棉上，试管口放火焰上转动烧灼 2～3 圈。然后拿接种针蘸酒精，在火焰上灼烧，稍冷却，挑取菌种少许接入适宜的培养基表面，最后将棉塞在火焰上通过后塞入管口，即完成接种操作(图 3-5)。

(2)*原种接种*　按无菌操作规程做好准备后，取母种一支拔去棉塞，在酒精灯火焰上灼烧管口，放台面上；再取装有原种培养基的瓶子拔去棉塞横(竖)放台面上，用接种针取一块母种放入原种培养基瓶中，将棉塞过火后塞入瓶口即成(图 3-6)。

(3)*栽培种接种*　做好无菌操作准备后，取原种拔去棉塞，挖去老菌种块，灼烧瓶口，然后横放在台面上；取装有栽培种培养基的瓶子拔去棉塞，用镊子或汤匙挖取一块原种放入瓶中，在火焰旁将棉塞过火后塞入瓶口即成。

3. 接种注意事项

第一，接种前要准备好一些无菌棉塞，一起放入无菌室(箱)内，以便在所用棉塞受潮时更换。

第二，接种时切勿使试管口、瓶口或培养皿开缝处离开酒精灯火焰的无菌区。

第三，操作时试管口、瓶口一般不向上，以减少杂菌污染机会。

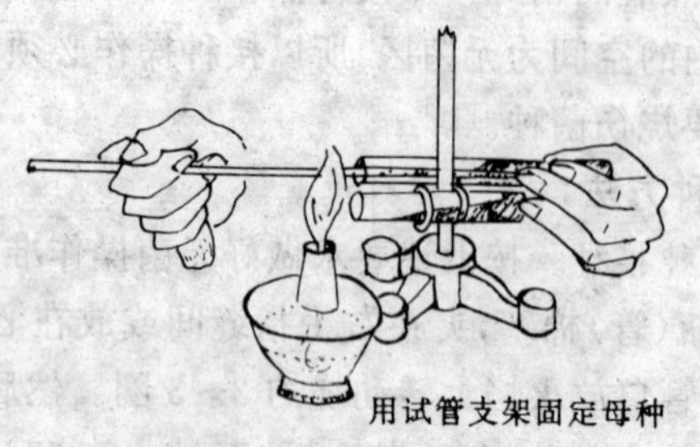

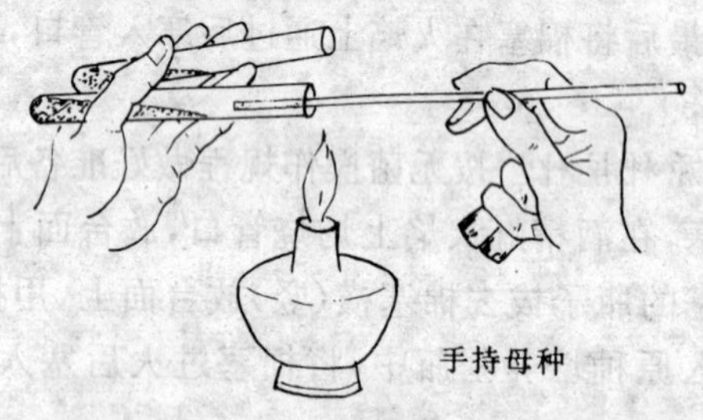

图 3-5　母种接种法

第四，接种时人在室内尽量少走动，以减少空气流动扬起的灰尘污染。

第五，接种时留下的污物，如用过的酒精棉、菌种碎屑、火柴梗等要及时清除，以免引起污染。

第六，如 1 次接种不同菌种时，要注意做好标记，以免搞混。

（二）食用菌的菌种培养

1. 培养环境条件　经接种后的母种、原种、栽培种，都需放在适宜的条件下培养。培养条件包括温度、湿度、空气和光

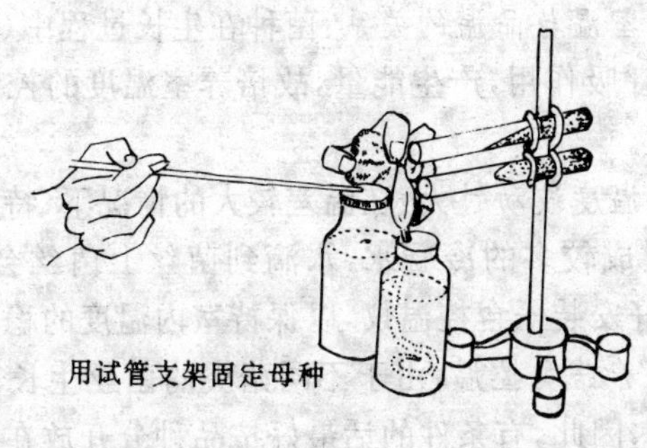

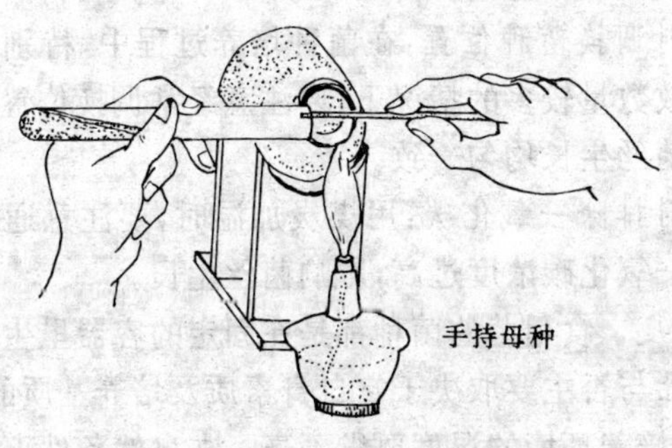

图 3-6 原种接种法

线，不同种类的食用菌对环境条件的要求有所不同，所以要根据它们的生理要求来培养。

(1)温度 控制适宜的温度是菌种培养中最重要的环节。温度直接关系到菌丝体生长的快慢及菌丝体的强壮程度。培养时有条件的可采取加温和降温措施，如条件不许可，则只能利用自然温度，那就必须掌握好生产季节，也就是从最适宜的栽培出菇时间开始倒计时，来安排菌种生产。

加温措施主要有电炉、蒸气管道(暖气片)、地炕、空调加温等。在对培养室进行加温时要注意下面几点：

①注意室温与品温的关系:菌种在生长过程中(特别在培养后期)有呼吸作用,产生能量,故培养室温度的控制要稍低于适宜温度。

②防止温度波动过大:在温差较大的情况下(特别是母种培养),会形成较多的冷凝水,水滴到菌丝上菌丝会倒伏、发黄,所以最好安装一台控温仪,以保持室内温度的稳定。

③按培养菇类控温:由于不同菇类的菌丝生长对温度的要求不相同,因此,有条件的话最好按品种分开放在控制温度不同的培养室(箱)内培养。

④及时调换菌种位置:在菌种培养过程中,特别是原种、栽培种排放数量较多的情况下,要注意经常调换位置,以使同一批菌种菌丝生长均匀一致。

⑤及时排除一氧化碳:用煤炭加温时,要注意通风换气,不使室内一氧化碳浓度过高,影响菌丝生长。

(2)湿度　食用菌的菌种都是在固定的容器里生长的,它生长的健壮与否主要取决于它自身素质及培养基质的成分与水分,对于培养环境的湿度要求不高。在自然条件下培养,除了梅雨季节或南方的多雨天气需注意保持培养室干燥外,一般不需多加管理。如在加温条件下培养,则需注意室内的空气湿度,一般相对湿度保持在65%左右就可以了。如达不到这个湿度,可以采用地面洒水或加热炉上放水让其蒸发等方法来适当增加。

(3)空气　食用菌基本上都属好气性真菌,因此,在菌丝生长阶段应注意环境的通风换气,特别是在用煤炭加温、菌种排放较多等情况下更要注意。

(4)光线　食用菌在菌丝生长阶段一般不需要光线或只需微弱的散射光,因此,菌种的培养最好在避光条件下进行。

2. 培养期间的杂菌虫害检查 基于我国的具体国情，一般菌种厂设备条件都比较简陋，无法创造像国外那样的全净化环境，菌种的污染是不可避免的，因此，在菌种的培养过程中一定要及时地经常地检查所培养的菌种是否感染了杂菌，如有感染则要及时剔除、清理。菌种培养过程中的杂菌、虫害种类及防治，见本章第四部分。这里先作原因探讨并介绍鉴别方法。

(1)菌种感染杂菌、虫害的原因主要有以下几点：

第一，用于扩大繁殖的菌种本身感染，菌种接入新的培养基后将杂菌、虫害一起带入。

第二，接种、分离操作没有严格按照无菌操作规程进行。

第三，培养基灭菌不彻底。

第四，制备培养基时，培养基粘到棉塞上，棉塞长杂菌带入。

第五，培养基灭菌时棉塞受潮，又遇高温高湿大气，空气中的杂菌孢子落到棉塞上萌发菌丝进入。

第六，菌种保藏期间湿度较大，使棉塞感染杂菌带入。

第七，培养室靠近饲料仓库及畜禽饲养场。

(2)菌种感染杂菌、虫害的鉴别方法 杂菌的感染主要由孢子引起，有空气中的孢子，也有灭菌不彻底留下的孢子等。由于这些杂菌孢子萌发成菌丝体需要一定的时间，所以检查杂菌这项工作一般从接种后 3～4 天开始，每天或隔天进行 1 次，直到菌丝封面。其方法如下：

①母种感染的鉴别：食用菌的菌丝体多为白色丝状体，生长均匀，一般不产生有色孢子(草菇、栎平菇除外)，在 25℃条件下培养 10～15 天能长满试管斜面。在母种培养中的杂菌主要是细菌、酵母菌及各种霉菌，细菌在马铃薯葡萄糖琼脂培养

基上表现为粘糊的圆形小颗粒状;酵母菌则表现为成片的或小的圆形颗粒,湿润半透明,呈红色、黄色等;霉菌感染开始为白色、灰白色菌丝,很快产生绿色、黑色、橘黄色、草绿色等不同颜色的粉末状孢子。无论是哪一类杂菌感染,它们的生长速度都很快,在25℃条件下只需3~5天就能长满培养基斜面。如发现菌丝体生长有缺角等异常现象,要仔细观察,可借助放大镜看有无虫子咬食菌丝。

②原种、栽培种感染的鉴别:原种、栽培种培养过程中,主要是各类霉菌与虫(螨)的危害,其识别方法:

第一,从菌丝发生的位置看。如接种块是完整的一块,那么在菌种块以外的部位发现有浓白色菌丝,应判断为杂菌,捡出后继续观察,可发现有各种颜色的孢子。

第二,从菌丝生长速度看。采用750毫升的标准蘑菇瓶作种,菌种接在料的表面,而不是打洞接种的,25℃培养,食用菌菌丝长满瓶一般需要30~50天,而杂菌菌丝只需1周左右。

第三,看是否形成有色孢子。在食用菌中,目前发现在菌丝阶段草菇形成铁锈红色厚垣孢子,栎平菇产生黑色分生孢子,其余菌种均不产生有色孢子。能形成有色孢子的即为杂菌感染。

第四,如发现瓶壁有退菌丝现象或有细小动物爬动,则要注意是否受螨类的危害。

三、几种主要菇类的菌种制备

(一)香菇菌种(栽培种)的制备

香菇母种分离通常采用组织分离和菇木分离两种方法,

上节已作详细介绍;其原种制备常用木屑米糠(麸皮)培养基,培养基制作方法见第二章,均不赘述。这里着重介绍栽培种制备。

目前香菇生产有段木栽培和代料栽培两大方式。代料栽培又有3种方式:压块栽培(又称菌砖栽培),塑料袋(俗称小袋)栽培(简称袋栽,又称太空包栽培),人造菇木栽培(又称菌棒栽培、菌筒栽培)。

制备香菇栽培种的原材料,除木屑外,还可用甘蔗渣、棉籽壳、玉米芯等替代或部分掺入。

1. 香菇塑料袋菌种的制作 从60年代至70年代初,香菇代料生产的栽培种都采用玻璃瓶作容器(同原种制备),随着生产的不断发展,发现用这个容器制种存在许多不足之处,如瓶子运输困难、破损多、操作费工、工艺烦琐、成本高,等等,使大面积推广受到了限制。为解决生产上这一突出问题,研究人员进行了用塑料袋代替玻璃瓶制种的各项技术研究,实现了人工栽培香菇技术的一大改革,大大促进了香菇代料生产的发展,也带动了平菇、木耳、银耳等菇类生产的大发展。

多年来香菇栽培种培养容器采用塑料薄膜袋,用于食用菌菌种的塑料薄膜有聚丙烯(PP)和聚乙烯两种,其中聚乙烯又可分为高压聚乙烯(LDPE)和低压聚乙烯(HDPE)两种。聚丙烯耐高温,能经受150℃高温,透明度高,但质地较脆,尤其在冬季低温下,常用于高压灭菌。聚乙烯有韧性,耐高温能力差,而且透明度低,常用于常压灭菌。塑料薄膜物理性状见表3-1。

表 3-1　塑料薄膜的物理性状

物理性状		聚丙烯	高压聚乙烯	低压聚乙烯	备　注
透明度(%)		45～55	30～60	半透明	
透气性	二氧化碳	2300	6800	2840	薄膜厚度为100微米
	氢	5600	4900	2200	
	氨	165	530	200	
	氧	590	1700	730	
熔点(℃)		160～170	105～110	115～135	
抗张强度(兆帕)(千克/厘米^2)		29.42～37.76 (300～385)	6.86～15.79 (70～161)	21.28～37.36 (217～385)	

香菇生产上常用的为聚丙烯和低压聚乙烯两种。市售的塑料薄膜袋规格有多种,可根据需要选购,也可购买筒子或塑料自已加工。聚丙烯袋常用规格 17 厘米×34 厘米,12 厘米×28 厘米等,低压聚乙烯袋常用规格 15 厘米×53 厘米。用塑料袋制种还需要有颈圈,可购买也可用马粪纸、竹筒、塑料等原料自制,要求光滑,耐高温高湿,规格一般为直径 3～3.5 厘米,高 3 厘米(图 3-7)。

塑料袋菌种主要用于压块栽培和塑料袋栽培,多采用 17 厘米×34 厘米的聚丙烯袋。

塑料袋代瓶制种,由于塑料与玻璃质地不同,要想得到较高的成品率,必须掌握要领,严格执行。

(1)培养基配方　采用锯木屑麦麸(米糠)培养基。由于塑料袋薄而易破,锯木屑要求适当细些,不能有木片及其他硬质杂物。

(2)操作

①装料:装料前先将塑料袋的两个角内折 1/3,使料装进去后形成方底,摆放稳当,用机器或手工将料装入袋中,每袋

装料 0.8～0.9 千克。装好后双手捧住塑料袋中下部在光滑的平面上上下震动数次，将料蹾紧，然后用一玻璃空瓶揿平表面，用干净的布擦净塑料袋口内壁及袋外面的培养料。

图 3-7 塑料袋菌种与颈圈

②套颈圈、塞棉塞：拿上述塑料袋，捏紧袋口穿过光滑的塑料颈圈，将袋口翻出，用手指把颈圈内的塑袋揿平，以利接种，然后塞上棉塞。

③套袋：有条件的可预先做好牛皮纸袋，将整袋菌种套入，这样可以避免灭菌时棉塞受潮，更可避免搬运过程中的机械破损，减少杂菌污染。

④灭菌：0.137～0.147 兆帕(1.4～1.5 千克/厘米^2)1.5 小时。

⑤接种、培养：在 23～25℃下培养。培养时注意控制温度不能过高，菌种不能放得过密，同时要加强通风。

(3)塑料袋制种要掌握的技术要点

第一，保证塑料袋的质量，包括塑料吹塑成膜的质量和加工成袋的质量。薄膜要求厚薄均匀，厚度适当；加工质量主要采用向袋内注水等办法，检查袋底接合处有无裂隙和漏洞。

第二，严格操作规程，不使塑料袋破损。要注意料装好后不要拎袋口，要拿底部；蹾紧料时要在光滑的台面上；从装袋到培养整个过程的操作要做到“四轻”，即轻装，轻震，轻拿，轻放。

第三，掌握好彻底灭菌的方法。严格掌握灭菌的压力与时间；塑料袋安放不像玻璃瓶菌种可多层叠放，塑料袋菌种一定要做好框架逐层安放；灭菌时（高压蒸气）最好采用缓慢排气法排尽锅内空气，然后用文火慢慢升温，灭菌结束后让其自然降温，这样塑料袋不会因锅内气压不均匀而发生胀气变形、变薄甚至破裂，保证灭菌的质量。

第四，严格净化环境，减少空气中杂菌孢子的基数。由于塑料袋形体不固定，薄膜易破，细微的孔隙肉眼难以察觉，若环境中杂菌孢子多，则会通过破损的微小孔隙侵入袋内，所以制塑料袋菌种应特别重视环境清洁。

第五，菌种培养时注意控制高温，菌种不要放得过密，同时要加强通气，有条件的可降温。

2. 香菇人造菇木菌种制作 用于人造菇木栽培，多选用15厘米×53厘米低压聚乙烯袋。

(1)培养基配方 同塑料袋菌种。

(2)操作 由于采用的塑料袋袋口直径只有9.5厘米，长度又长，同时又要求装得紧实，因此，如果用手工操作，不仅劳动强度大，而且效率低，所以一般都采用机器装袋。

①装袋：装袋时先将袋口张开，整个塑料袋全部套入装袋机出料筒口，踩下脚踏开关，两手紧托并压紧塑料袋慢慢向后退，当料装至接近袋口6～8厘米处，松开脚踏开关，取出竖起，传给下一道扎口工序的人，如扎口来不及，料装好后要立即捏紧袋口，倒放在地上，以防“爬料”。

②扎口：袋内培养料一装好马上捏紧袋口，立即扎口。扎口时将料袋竖起，增减培养料，揿紧袋口四周木屑料，留出6～8厘米空间，拍掉粘在袋口的培养料，用“撕力带”在紧贴培

养料的地方扎紧，顺手扭转袋口，反折，再扎紧。总之，装袋、扎口两道工序一定要保证料袋紧实，整个料袋长度一般为40±1厘米，每袋用干料0.9～1千克，湿重1.9千克左右。

③灭菌：装袋结束后要立即用常压(100℃，9～12小时)灭菌。菌袋在灭菌锅内的排放最好成"#"字型，这样菌袋受热快而且均匀。

④冷却接种：灭菌结束后将菌袋取出，放入清洁的冷却室，"#"字型排放，加强通风，以加快冷却速度。人造菇木的接种在接种箱操作，可一人独立完成，也可二人合作完成。如在接种室操作可三人一组流水作业，一人用酒精棉擦料袋待接种的一面，然后打洞，一般打3～4个；另一人接种，就是用医用镊子往洞里填菌种，要求填满且略高出料袋平面；最后一人在接种口上贴粘纸或胶布。

接种工具可用镊子，也可用专用接种枪；接种穴可在一个平面上，也可在正反两个平面上；菌种常用锯木屑菌种，也可用锥形小木块菌种，这些都要根据各地的条件与习惯选用。

⑤培养：接种后要选择通风良好、阴凉、清洁的室内培养，使菌种在料内迅速恢复，蔓延生长。堆放方式以"#"字型为好，堆高以低些为好，最高不得超过8层。堆放时注意接种穴的一面向两侧，不使上面的菌袋压住种穴；还要经常检查堆温，发现堆温过高，要尽快设法降温，拆堆、改矮堆并加强通风。

接种7～10天后，要翻堆检查菌丝生长及杂菌感染情况，待菌穴直径达6～8厘米时，可将粘纸撕开一角或用针刺距菌丝边缘2厘米以内处，以增强通气，满足菌丝对氧气的需要。以后每隔2周翻堆1次，使整批菌袋发菌均匀，有利于整齐出菇。

在正常情况下，经 45～55 天菌丝长满全袋，开始进入生理成熟阶段，可栽培出菇。这个阶段一般有下面几个征候：一是培养后期木屑培养料与塑料袋间出现一些零星的隆起物；二是培养料表面出现少量褐色色素，同时有淡黄色水珠分泌；三是手拿菌袋感觉重量有明显减轻，同时像面包那样稍有弹性。

（二）双孢蘑菇菌种的制备

双孢蘑菇母种可通过孢子分离与子实体组织分离方法得到，其中以孢子分离法最为常用。

1. 母种的分离培养

（1）制种工具的准备、种菇的选采、孢子的采集　见孢子分离法。

（2）单菌落的挑选培养　将采集到的孢子采用平板稀释法或连续稀释法分离单菌落，置 24℃左右温度下培养 9～12 天，可见呈星芒状的菌落长出。如在 1 周内出现肉眼可见的菌落，则大多为杂菌，应予淘汰。

孢子液注入培养基后，要经常检查孢子萌动情况及有无杂菌感染，当肉眼看见培养基上长有星芒状菌落时就要及时挑出，移接到新的培养基斜面上，一般要挑 40～50 个，待菌落长到黄豆大小时进行选择。蘑菇菌落形态有气生型和匍匐型两类：

①气生型菌落：应选择菌丝尖端生长挺直、长势强，分支清晰，基内菌丝生长旺盛且深的菌落。挑选出的菌种放 20～22℃下继续培养，然后分管，待菌丝长到斜面的 1/2 时，任取两支作高温试验（35℃下 24 小时，然后放回到 22～23℃培养），以菌丝恢复萌发快、倒伏发黄少的为优。其余的试管继续

培养，长好后可直接使用或低温保存备用。

在做高温试验的同时，取一部分菌种接入原种瓶中，观察培养料转色快慢与菌丝生长情况，以培养料转成红棕色，菌丝尖端生长挺直、粗壮、排列稀疏而清晰、呈扇形生长且长势强，培养料有蘑菇菌丝特有的香味者为好。

②匍匐型菌落：挑选菌丝呈绒毛状、白色，与培养基表面贴生，呈扇状或云彩状，从试管背面看呈明显的轮状生长，基内菌丝粗而密，在马铃薯葡萄糖琼脂培养基上生长缓慢的菌落。

一般讲，气生型菌种产量低、品质好，耐粗放管理；而匍匐型菌种则产量高、品质差，管理要求较高，但也有例外。菌落形态与产量、质量的相关性有待进一步研究。

(3)菌种的鉴定　用于大面积生产的菌种，除在母种、原种中观察选择外，还必须作出菇鉴定。具体方法是在约0.1平方米的木箱或塑料筐或床架上，装好培养料，把在母种、原种鉴定中表现好的菌株接入料内，观察。选择吃料转色快、穿土性能强、出菇转潮快、产量高、品质优者用于生产。

2. 原种、栽培种的制作　蘑菇原种培养基常用的有粪草培养基和谷粒培养基。栽培种的培养基种类很多，可用粪草、谷粒培养基，也可用棉籽壳培养基、河泥粪培养基等。

(1)粪草(发酵)菌种的制作　粪草菌种是以畜禽粪与麦草为主要原料。取干麦草25千克，干粪25千克及石膏粉0.5千克，加适量水堆制发酵。具体做法是将麦草充分预湿，粪加水拌湿，然后一层草一层粪做成宽2米、高1.5～2米、长度不限的料堆。做堆时要边堆边适量浇水，掌握下层少浇，上层多浇，水浇在草上的原则。堆后5～6天第一次翻堆，同时加入石膏。以后每隔4～5天翻堆1次。翻3次后，麦草柔软呈咖啡色，此时可将麦草取出，晒干备用。

制种时，将发酵过的麦草切成3厘米左右长短，称取50千克，加石膏粉0.5千克，水80～90升，充分拌和，就地堆放1～2小时，让水透入料内，掌握料含水量65%～68%。氢离子浓度31.63～63.09纳摩/升（pH7.2～7.5），然后将草料装入菌种瓶中，装瓶要求松紧适中，孔隙少，上下基本一致。如料装得过松，发菌是快些，但上部菌丝容易衰老，产生"退菌"现象；过紧则通气不良，发菌缓慢。料装好后，用锥形木棍在中央打一洞，直至接近瓶底，目的是增加料内通气量，有利于灭菌彻底，也有利于菌丝生长。随后用清水洗净瓶口内壁及瓶外污物，待瓶口干后塞上棉塞，灭菌[0.196兆帕（2千克/厘米^2），2～3小时]。如采用常压灭菌，则需水烧开后维持8～10小时，再闷5～6小时，取出放在清洁的场所冷却后将母种接入、培养而成的为原种，用粪草原种再接入粪草培养基经培养而成的为栽培种。在用原种扩接时，原种表面2～3厘米的菌丝较衰老，且杂菌感染的可能性大，因此，在接种操作时先将它挖掉不用。菌种接好后立即放入22～25℃室内培养。

制栽培种时，由于数量大，大多又是在自然温度下培养，有些地区的制种时间又正值梅雨季节，所以必须做好降温降湿工作，室内可放生石灰吸湿，有条件的可用去湿器。菌种瓶叠放层次不能太多，同时要加强通风。在培养期间要及时、多次检查菌种受杂菌、虫害感染情况，如有发现要及时捡出，并妥善处理。正常情况下，经50～60天培养菌丝可长满全瓶。

(2)麦粒菌种的制作

①熟麦粒菌种制作：取饱满无杂质的小麦10千克，淘洗干净，加水约15升烧煮，保持水沸15分钟，熄火，在沸水中浸15分钟后捞出，沥干水，迅速摊开，晾干表面水分。制种时取

熟麦粒10千克，加石膏粉133克，碳酸钙33克，拌匀后装瓶，塞棉塞、灭菌[0.147兆帕(1.5千克/厘米^2)2小时]，冷却后接种，23～25℃培养。培养期间经常检查杂菌、虫害危害情况，还要摇动菌种瓶，让麦粒松动，使上下层菌种发育速度较为均匀。

②生麦粒菌种制作：取饱满无杂质的小麦，淘洗干净，用1%石灰水，氢离子浓度1皮摩/毫升以下(pH12以上)浸泡12～16小时，捞出沥干，清水淋洗，再沥干，摊开(厚度7～10厘米)，待麦粒的底层不积水、手抓麦粒不粘手为度。将它收成一堆，加入3%～5%的木屑或砻糠，拌匀，再按熟麦粒菌种比例加入石膏与碳酸钙，充分拌匀后装瓶、灭菌、接种、培养。

(3)河泥菌种制作　将肥沃的湿河泥与经粉碎的干牛粪以1∶1(体积比)混合，堆成馒头状，自然发酵1周，然后摊开晒干，粉碎贮藏。制种时用2%石灰清水拌料，含水量掌握在手捏能成团、甩下能散开为宜，氢离子浓度1～10纳摩/升(pH8～9)，尔后装瓶、灭菌[0.197兆帕(2千克/厘米^2)4小时]，冷却接种培养。

(4)砻糠菌种制作　将河泥与猪、牛粪按1∶1(体积比)混合堆制发酵，同时将砻糠与猪、牛粪也按1∶1混合堆制发酵，然后再将两种发酵后的料按1∶1混合，调节湿度，氢离子浓度1～10纳摩/升(pH8～9)，装瓶、灭菌、冷却后接种培养。

(5)棉籽壳(发酵)菌种制备

配方1：棉籽壳50千克，过磷酸钙0.5千克，尿素1千克，石膏0.5千克，石灰1.5千克。

堆制发酵：把无霉变的棉籽壳在太阳下曝晒1～2天，加水预湿1天，然后按比例加尿素，拌匀，堆成宽1.5米、高1米，长度不限的料堆，约6天后进行第一次翻堆，翻堆时加入过磷酸钙，再建堆后过 4～5 天第二次翻堆，同时加入石灰，再堆 2～3 天发酵结束。如堆制期遇阴雨天，可多翻 1 次堆，整个发酵期为 12～15 天。堆制发酵结束后，棉籽壳手感变软，颜色为红棕色，上面布满大量白色放线菌，有一股特殊的甜香味，此时可把料晒干备用。

制种：筛去备用料中的杂质及结团的棉籽壳，加 1%石膏，用无虫、无杂质无化工污染的河泥浆水拌料，要求当天拌当天装瓶灭菌，含水量 62%左右，用手捏紧指缝中有水但不滴下为度。然后装瓶、灭菌[0.147 兆帕(2 千克/厘米^2)2 小时]，冷却后接种培养。

配方 2：棉籽壳 50 千克，干牛粪(经粉碎)7.5 千克，过磷酸钙 0.5 千克，石膏 1 千克，菜籽饼 4 千克，玉米粉 2.5 千克，石灰 4 千克，增湿发酵剂 25 克。

预湿碱化：按棉籽壳重量的 5%加石灰，拌匀，浇水使其充分吸湿，翻拌，然后建堆(宽与高均为 1.5～1.8 米，长度不限)，堆制 3 天。

堆制发酵：在预湿碱化 3 天后，将牛粪、菜籽饼、增温发酵剂、石膏、过磷酸钙一并加入，翻拌均匀后如前述方法建堆。建堆第一天堆上覆盖塑料薄膜，第二天因料温急剧上升要换用草帘覆盖以保湿，3 天后第一次翻堆，仍覆盖草帘。当温度上升到 70℃时，用毛竹打洞散热，经 3 天第二次翻堆，同时加入玉米粉，再堆 3 天发酵结束。整个堆制发酵期为 9 天，在发酵过程中要随时补充消耗的水分并调节氢离子浓度至 1～10 纳摩/升(pH8～9)，堆制结束时棉籽壳应是无臭味、无氨味、无异味，且有大量白色放线菌，此时可摊晒备用。

制种：方法同配方 1。

（三）草菇菌种的制备

1. 种菇的选择 草菇有大型和中小型两个品系。鲜食与制罐以中小型种为好，在交通方便的山区要制成干菇出售的，则应选用大型种。要选出菇早、产量高、形态典型、外菌膜尚未破裂的菌蕾作分离材料。

2. 母种分离 常采用子实体组织分离和孢子分离两种方法。

（1）子实体组织分离 用小刀削去菌蕾基部带培养料部分，带入无菌箱，用酒精棉做表面消毒，然后用无菌小刀将菌蕾对半切开，挑取菌盖或菌柄组织一小块置于马铃薯葡萄糖琼脂斜面培养基上，33℃左右培养。培养 4～5 天就可看到组织块周围长出白色稀疏的菌丝，以后长成一层厚厚的棉毛状菌丝，培养一个阶段后，菌丝上会出现铁锈红的厚垣孢子，如无杂菌感染，说明分离成功，可扩大繁殖。

（2）孢子分离 按前述标准选好种菇后，在菇床上做好标记，待外菌膜破裂，菌盖伸出且完全展开，菌褶呈褐色时采下，除去菌托，切除少许菌柄后带入无菌箱内，按整菇插种法采集孢子。

制种时挑取孢子少许，用无菌水稀释至孢子液呈淡咖啡色，然后用无菌注射器吸取孢子液 2～3 滴滴于马铃薯葡萄糖琼脂斜面培养基上，置 40℃培养 16～20 小时，孢子萌发后，挑取萌发的菌丝体入新的培养基上，30～33℃培养即成。

3. 原种、栽培种制作

（1）稻草菌种 培养基配方见第二章“原种、栽培种培养基配方及制法”。选取新鲜、干燥、无霉烂的稻草，切碎（长 3 厘米左右），浇水使稻草吸足水分，含水量掌握在 60%左右。操作时将硫酸铵溶于水后均匀喷入，撒上过磷酸钙和石膏，拌匀后装瓶，用锥形木棒边装边压紧，洗去瓶内外污物，塞上棉塞灭菌[0.147兆帕(1.5千克/厘米^2)，1.5小时]，冷却后接种培养。

(2)棉籽壳菌种　培养基配方为棉籽壳94%，麦麸5%，石膏1%。配制前将棉籽壳曝晒1～2天，拌料时在50千克干料中加3千克石灰，将料按比例称好，充分拌和，或先将棉籽壳预湿数小时，然后翻拌均匀，含水量掌握在65%左右。装瓶，灭菌，冷却后接种，培养。

(四)银耳菌种的制备

蘑菇、香菇、平菇等食用菌，只要满足其营养、温度、空气、水分、光线和酸碱度的要求后，就能完成自己的生活史；而银耳则不同，除了上述条件外，还必须同时存在香灰菌丝才能结实。香灰菌丝生长快，分解木材(包括木屑)的能力强，银耳菌丝则相反，所以银耳菌丝主要是靠香灰菌丝分解木材所提供的营养生长并繁殖后代。银耳菌种的这种巧妙组合是长期自然选择的结果。只有了解了这一特殊的性状，才能生产出优良的银耳菌种。

1. 母种分离　银耳菌种的分离方法有耳木分离和组织分离两种。

(1)耳木分离法　按本章介绍的方法分离操作完成后几天，小木块上会长出白色纤细的菌丝，并延伸到培养基上，逐渐使培养基颜色转为黄褐色，随着培养时间的加长，其颜色逐渐加深至黑色，培养基表面出现浅灰色的斑纹，小木块上有浓白菌丝团并分泌有淡黄色水珠又无杂菌者则分离成功。挑取少许白色浓白菌丝于马铃薯葡萄糖琼脂培养基上扩大培养，然后在木屑米糠培养基上作出耳鉴定，从中选取出耳率高、生活力强、菌丝生长均匀、子实体原基大且成水晶状的作种用。

(2)组织分离法　在栽培房里挑选一批朵形大、耳片厚、颜色洁白的栽培袋(瓶)，仔细检查耳基的周围，剔除杂菌感染的，留下最理想的作为分离材料。把银耳子实体沿耳基割下，留下耳基部分(略带些培养基)，用来分离香灰菌丝与银耳菌丝。

①香灰菌丝的分离：从栽培材料的培养基深处取少量培养物，接种到马铃薯葡萄糖琼脂培养基上，在25℃下培养，待菌丝长出后分离菌丝的前端，即得到纯的香灰菌丝。

②银耳菌丝的分离

第一，取银耳子实体瓣片进行孢子分离(方法见前)，培养得到酵母状芽孢，然后用香灰菌丝煮出液培养基(见第二章的“母种培养基配方及制法”)或蔗糖木薯粉培养基(同上)培养，能得到银耳菌丝。

第二，把留下的耳基部分阴干或风干，然后把耳基周围疏松的培养基清除掉，把耳根(较硬的一团)放在干燥器中(底层放变色硅胶或浓硫酸)脱水，经15天左右再分离。分离时先把菌丝团剥开，在耳根内部的各部位挑一点菌丝，分别接种到表面干燥的马铃薯葡萄糖琼脂培养基上，在25℃下培养，10天左右银耳菌丝可恢复生长，香灰菌丝则干燥死亡。

第三，菌种的组合。由于银耳菌丝与香灰菌丝生长速度差异甚大，所以组合接种时需先接银耳菌丝，待菌落长到1～2厘米时再接上香灰菌丝。

2. 原种的培养　原种培养基制作见第二章第二部分的“锯木屑麦麸(米糠)培养基”。把上述组合菌种接入原种培养基中，20～23℃培养，捡去杂菌感染的菌种。3～4周菌丝长满全瓶，在接种处有小的水晶状原基形成，银耳原种即培养成功。值得提醒的是接入的组合菌种一定要有浓白带水珠的部分。

3. **栽培种的扩大** 银耳栽培种有木屑菌种和木块菌种两大类。木屑菌种的制作与原种的制备相同；木块菌种多用于段木栽培，通常有两种形状的小木块，一种是圆柱形的，另一种是楔形（三角形）木块（图 3-8）。

（1）圆柱形菌种 把段木横切成厚度为 1.5～1.8 厘米的木片，用直径 0.8～1.2 厘米的皮带冲冲出圆柱木块，或取直径 1～1.2 厘米的树枝条截成 1.5～1.8 厘米长，晒干备用。适于做木块菌种的树种枝条有桑树、枫树、梨树、悬铃木、紫穗槐等。

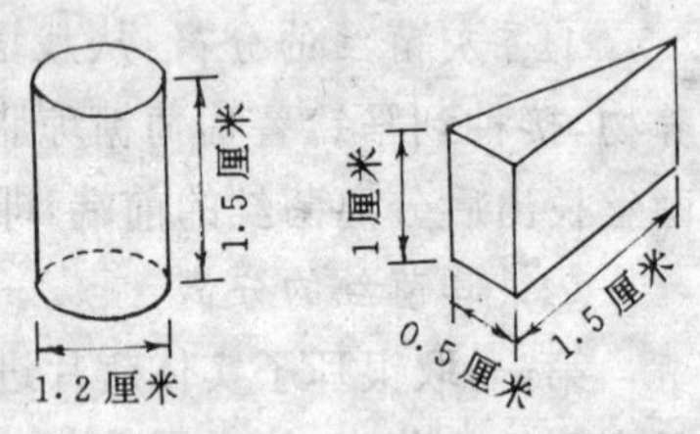

图 3-8 圆柱形木块与楔形木块

制种时，把干的小木块浸水 12 小时左右，最好用淘米水或米糠水浸。同时配制一些木屑米糠培养基，把浸过水的小木块倒入，拌匀，即可装瓶，装好后在料的表面盖一薄层木屑培养基，揿平表面，然后洗瓶、塞棉塞、灭菌、接种培养。小木块与木屑培养基的比例一般为 5∶1，每 1 千克干小木块可装 5～6 瓶，每瓶 150～200 粒。

（2）楔形菌种 先把木材锯成宽 1～1.2 厘米、厚 0.5 厘米的木条，再加工成楔形小木块，晒干备用。制种方法同圆柱形菌种。

（五）黑木耳菌种的制备

1. **母种分离**　采用孢子分离、耳木分离及组织分离均能得到黑木耳母种(详见本章第一部分内容)。

在母种培养过程中，由于菌丝分泌的色素使培养基表面及深层出现棕褐色，有时菌丝体也会呈黄褐色，这是黑木耳菌种的特征。

不论用哪种方式得到的母种，都必须经出耳鉴定后才能用于生产。

2. **原种制备**　黑木耳的原种制备方法同香菇原种的制备，只是培养温度比香菇略高，控制在25～28℃。

3. **栽培种制备**　适于黑木耳栽培种的培养基有多种，见第二章的“原种、栽培种培养基配方及制法”。常用17厘米×34厘米，12厘米×28厘米的聚丙烯或聚乙烯袋。栽培种制作方法与香菇相同。培养温度25～28℃。培养室要求黑暗，以防止、减少袋壁子实体原基的形成，但要注意通风换气。

四、菌种生产中的杂菌、害虫防治

食用菌的菌种生产，要求在严格的无杂菌、无害虫条件下进行。但自然界中，危害食用菌菌种的杂菌和害虫种类繁多(详见金盾版《食用菌病虫害防治》)，分布广泛，在适宜环境中繁殖迅速，常会给菌种生产造成很大损失。所以，在菌种生产中，必须十分重视杂菌、害虫的防治。

食用菌菌种生产中杂菌、害虫的防治，要认真贯彻“以防为主，综合防治”的方针。首先要在思想上引起足够的重视，对危害菌是一种形体微小、肉眼看不见的、而在我们周围及空气中又大量广泛存在这一点要有足够的认识;然后才能严格把握制种的每一个环节,使杂菌的产生率(即杂菌率)降低到最低限度。采取的主要措施如下:

第一,建厂的场地选择和厂房设计要合理。菌种厂应远离饲料仓库、畜禽饲养场及食用菌栽培场,装瓶(袋)灭菌与接种培养场所的安排既要考虑操作方便,节省劳力,又要注意尽量减少杂菌、害虫污染的机会。

第二,保持操作场所及其周围的环境清洁。接种室、培养室是制种的心脏部分,必须保持绝对清洁,要经常打扫、清理、消毒。对培养物要及时检查,发现有杂菌污染立即拿出,不让杂菌孢子特别是链孢霉产生,以免污染环境。

捡出的被杂菌、害虫污染的瓶(袋)要及时慎重处理,远离厂房,集中堆放焚烧或深埋,以免孢子飞散污染环境。

第三,培养基的灭菌要彻底。要严格按照操作规程使用灭菌器,如冷空气要排尽等。灭菌器要经常检查、检修,以保持有效灭菌。新购置或安装的灭菌器在大规模生产前一定要试烧1～2锅,检查灭菌质量合格后方可投入生产。

第四,用来制种的培养基原材料要求无虫无霉变。如用霉变的原材料,则培养基本身的杂菌孢子基数就大,使用正常的灭菌压力与时间范围内不足以全部杀死,会造成培养基灭菌不彻底,从而导致制种的失败。

第五,灭菌过程中要尽可能保证棉塞干燥,可采用灭菌时将灭菌物棉塞用纸包扎或遮盖,灭菌结束后灭菌物取出前稍开盖一些时间,以烘烤棉塞等办法。

第六,经灭菌的培养基要放在通风、清洁的冷却室内冷却,移入接种室(箱)前要做好瓶袋的表面消毒。

第七,接种要严格无菌操作规程,按前述方法做好接种工作，以免接种带杂。

第八，接好种的瓶袋要立即放入清洁的培养室内，以保证菌丝良好生长。

第四章 食用菌菌种鉴定与保藏

一、食用菌菌种鉴定

食用菌菌种的鉴定包括两方面的内容：一是要鉴定所分离得到的或从国内外引进的菌株是不是所要栽培的菌类；二是所得到的菌株的性状如何？是不是优良菌株，能否适应当地栽培。由于不同种类食用菌在其菌丝生长阶段都有它自己的特点，只要掌握这些特点就不难分辨。而要鉴定是不是优良菌株，这里面又包含两层含义：一层是菌株本身的特性，如产量、质量、抗逆性等性状如何；另一层是这瓶（支）或这批菌种菌丝生活力及菌种的纯度如何。一个优良菌株必须同时具备高产、优质、抗逆性强以及菌种菌丝生活力强、无杂菌、无虫害的双重特性。

（一）常见食用菌菌丝特点

1. 香菇菌丝的特点 香菇菌丝在母种中表现为菌丝白色、粗壮，呈绒毛状。平伏生长，长满培养基斜面后略有爬壁现象。23～25℃培养12～14天，长满培养基的斜面（21毫米×200毫米）。部分品种在4℃冰箱保存过程中会有子实体生长。镜检时菌丝粗细均匀，有锁状联合。木屑培养基中在生长后期会产生褐色的菌膜，同时分泌少量液体，有香菇菌丝特有的香味，菌丝生长一定时间后会形成子实体。

2. **蘑菇菌丝的特点** 蘑菇菌丝在母种中有气生型和匍匐型两种表现，菌丝均为白色或灰白色。气生型菌丝生长旺盛、菌丝尖端清晰整齐，基内菌丝较发达，生长速度快；匍匐型菌丝贴生在培养基表面，呈索状生长，挺拔有力，但生长缓慢。在粪草培养基中菌丝尖端生长挺直粗壮，排列稀疏、清晰，呈扇形生长，培养基转为红棕色，有蘑菇菌丝特有的香味。镜检不产生锁状联合。

3. **草菇菌丝的特点** 草菇菌丝纤细、灰白色、半透明状，爬壁能力强，多为气生菌丝。在试管内生长蓬乱，菌丝上有铁锈红色的厚垣孢子。镜检时菌丝粗细不均，没有锁状联合。在原种培养基上菌丝生长稀疏、蓬乱，但能看见较多厚垣孢子。

4. **木耳菌丝的特点** 木耳菌丝白色，平贴培养基表面匍匐生长，分泌褐色素，培养过程中有时会形成浅褐色胶质原基。镜检时菌丝粗细不匀，分支多，有锁状联合，有分生孢子。木屑培养基中菌丝生长致密，见光后极易形成胶质原基。

5. **平菇菌丝的特点** 平菇菌丝浓密、洁白，呈棉毛状，爬壁能力强，不产生色素。个别菌株如栎平菇，会形成墨汁状分生孢子，低温保存能产生珊瑚状子实体原基。镜检时菌丝粗细不匀，分支能力强，形成锁状联合。

6. **金针菇菌丝的特点** 金针菇菌丝白色至灰白色，生长初期较蓬松，以后逐渐紧贴培养基，产生色素使培养基呈淡黄色。生长速度快，正常情况下10天可长满斜面，在培养基表面易形成子实体。培养时间较长的菌种，管壁上会出现粉状物，为其粉孢子，是由菌丝断裂形成。镜检有锁状联合。

7. **银耳菌丝的特点** 银耳菌种有芽孢、银耳纯菌丝、香灰菌丝及银耳香灰混合菌种等几种形态。

(1)芽孢　是银耳的孢子，在马铃薯葡萄糖琼脂培养基上不能萌发成菌丝，而是繁殖成酵母状物，其菌落乳白色，表面光滑，半透明状。生长速度快，适温培养 4～5 天就可长满培养基斜面。

(2)银耳纯菌丝　白色，短而细密，生长缓慢，在特殊培养基上由芽孢萌发得到。单一菌丝无生产价值。镜检时菌丝纤细，有锁状联合。

(3)香灰菌丝　呈羽毛状，故又名羽毛状菌丝。生长快，5～6 天长满斜面，分泌色素，培养时间长的会使培养基变成黑褐色，表面有碳质黑疤，并间有黄绿色分生孢子。

(4)混合菌种　菌种中同时存在银耳菌丝和香灰菌丝。培养基上表现为接种块处为一簇浓白、密集的菌丝团，耳农称它为“白毛团”，其他部位均为生长均匀的菌丝体。白毛团分泌淡黄色至淡褐色水珠，很快胶质化成为银耳原基。

8. 猴头菇菌丝的特点　菌丝白色至灰白色，线绒状，紧贴在培养基表面，短而稀疏，不爬壁。产生色素，使培养基呈棕褐色，易形成珊瑚状原基。镜检菌丝粗壮，有锁状联合。

9. 滑菇菌丝特点　滑菇菌丝白色至淡黄色，棉绒状。管壁常有网状菌丝束，分泌黄褐色色素。

10. 竹荪菌丝特点　菌丝体生长初期白色，粗壮，呈束状。气生菌丝浓密，纯白，见光后呈粉红色，紫色或淡褐色。老化的菌种气生菌丝消失，菌丝呈暗红色，自溶并产生黄水。长裙竹荪的菌丝体多为粉红色，间有紫色；短裙竹荪的菌丝体紫色素较多。

(二)食用菌内在特性鉴定

根据上述各种食用菌菌丝体的基本特征,对引进或分离的菌种真伪会一目了然。但食用菌的内在特性究竟如何,就不是肉眼能识别的,而必须做出菇试验和抗逆性测定。

1. 出菇(耳)试验 对引进或分离的菌种进行出菇试验必须在各级菌种的培养基成分、培养温度、培养时间及栽培条件基本一致的情况下让其出菇,这是食用菌菌种工作者必须掌握的。

出菇试验可按各种菇类的常规栽培方法进行,数量可少些。为使试验准确,减少误差,每一菌株设3～4个重复,在位置排放上尽可能按拉丁方排列,双盲法编号,以相同的措施管理,在管理过程中要有详细记录。以香菇为例记载的内容如下:

第一,母种中菌丝生长情况,菌丝浓淡,生长快慢,菌苔韧性等。

第二,原种栽培种中菌丝生长情况,如菌丝萌动、吃料、生长快慢;菌种表面有无菌皮或菌皮厚薄,白色颗粒状物有无或多少;培养基转色情况等。

第三,栽培阶段,以人造菇木栽培为例应记载:菇木转色快慢、颜色深浅;出菇快慢、菇生长密度;子实体经济性状,包括菇大小、厚度、菌柄长度、粗细,色泽、圆整程度等;转潮快慢;对水分的敏感程度;产量及产量分布;出口菇比例。

通过对记载资料分析,选出综合性状符合要求的菌株,供大面积生产或出售用。

2. 抗热性试验 以蘑菇为例。把菌种放在20～22℃培养,待菌丝长到1/2试管斜面时,每一菌株取出2～3支试管,放在 35℃温度下，经 24 小时作抗热性试验，然后放到 22～23℃培养，观察菌丝恢复情况，以恢复萌发快、菌丝倒伏发黄少者为好。

3. 抗霉性测定

(1)制备菌种　把若干菌株编号，在同等条件下制备菌种，观察记载菌株成品率，成品率高者为抗霉能力强的菌株。

(2)平板法测定　以木耳为例。制备平板。在平板的一边分别接入不同的木耳菌株，每一菌株 3 个重复，26～28℃培养。待木耳菌丝长到平板一半左右时，在平板的另一边接上木霉菌丝，继续培养。之后注意观察木霉菌丝与木耳菌丝的交界处，出现拮抗线的表示木耳抗霉能力强，木霉菌丝无法长过去，为抗霉能力强的菌株；如果木霉菌丝很快盖过木耳菌丝，说明这个木耳菌株的抗霉能力差或没有抗霉力。

4. 直观观察　对引进或分离的菌种要作仔细的直观观察，如菌丝生长是否正常(按各类食用菌菌丝特点对照)，菌种是否老化，菌种中有无杂菌、虫害感染，同时还要检查瓶袋有无破损等。

二、食用菌菌种保藏

食用菌菌种是从事科研和生产的重要资源，它和其他生物一样，具有遗传性和变异性。人们希望一个具有优良性状的菌种能通过保藏，使它的性状保持不变或尽可能地少变、慢变。目前对菌种资源采用的多种保藏方法有下面几种：

(一)液氮超低温保藏法

本法是将要保藏的菌种密封在有保护剂的安瓿里，经控制速度预冻，再置于－150～－196℃液态氮超低温冰箱中保存。其原理是采用超低温手段，使生物的代谢水平降低到最低限度，在此条件下保藏，能保持其性状基本上不发生变异。液氮罐的外形及罐内结构见图 4-1 之 1，之 2。液氮保藏的方法如下：

1. **菌种制备**

(1)培养基　采用马铃薯——葡萄糖——酵母——琼脂培养基(简称 PDYA)。配比：马铃薯(去皮)200 克，葡萄糖 20 克，酵母膏 1.5 克，磷酸二氢钾 2 克，硫酸镁 0.5 克，琼脂 20 克，水 1 000 毫升。

图 4-1 之 1　液氮罐外形

(2)菌丝体菌种　可用试管斜面或平板法培养菌丝体，也可用麦粒菌种或液体培养的菌丝球进行保藏。

(3)孢子菌种　采用常规方法收集孢子，然后制成孢子悬浮液保藏。

2. **保护剂**　冷冻保护剂可用 10％(体积比)甘油蒸馏水溶液或 10％二甲亚砜蒸馏水溶液。

3. **装安瓿封存**　制作安瓿的玻璃要求能经受温度突变而不破裂，并且容易用火熔封管口且恢复培养时容易打开的，一般采用硼硅玻璃。安瓿的大小可根据需要选用，保藏菌种通常选用 75 毫米×10 毫米(能盛放 1.2 毫升液体)；另可用进口塑料管式安瓿，容量为 1 毫升、1.8 毫升、3.6 毫升、4.5 毫

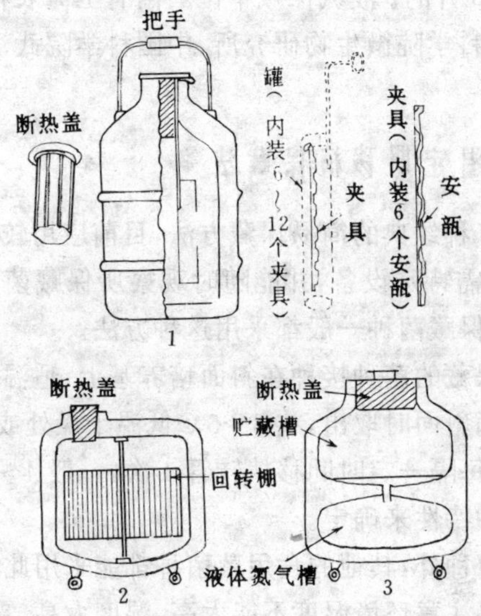

图 4-1 之 2　液氮罐剖面

1. 小容量(10 升以下)液氮罐　2,3. 大容量(100～500 升)液氮罐

升。安瓿准备好以后,每瓿加入 0.8 毫升保护剂,塞上棉塞,0.098 兆帕(1 千克/厘米^2)15 分钟灭菌。无菌操作接入要保藏的菌种,火焰熔封瓿口,采用浸水法检查是否漏气。

4. 冻结保藏　将封好口的安瓿放在慢速冻结器内,以每分钟下降 1℃的速度缓慢降温,使保藏品逐步均匀地冻结,直至－35℃,以后冻结速度就不需控制。安瓿冻结后立即放入液氮罐内,罐内的气相温度为－150℃,液相温度－196℃。

5. 复苏培养　要使用保藏的菌种时,将安瓿从液氮罐中取出,立即放入 38～40℃的水浴中,待管内冻结物全部融化后打开安瓿,将管内菌种移接到适宜的培养基上培养。

目前常用的液氮罐有容积为 10 升、35 升的,也有更大的如 250 升、650 升的。液氮保藏单位国内有上海农科院食用菌研究所、中国科学院微生物研究所、中国科学院武汉病毒研究所等。

(二)低温定期移植保藏法

本法是一种经典的简易保藏方法,目前应用较多。因为它简单易行,不需特殊设备,并能随时观察所保藏菌种的情况,因此,短时间保藏菌种一般都采用这种方法。

将需要保藏的菌种接种在斜面培养基上,适温培养,当菌丝健壮地长满斜面时取出,放 3～5℃低温干燥处或 4℃冰箱、冰柜中保藏,每隔一定时间移植转管 1 次,一般 4～6 个月,具体应根据菌种特性来确定。

除草菇菌种外,其他的食用菌菌种都能采用此法保藏。

保藏时要注意环境湿度不能太高。湿度太高,霉菌容易在棉塞上生长,通过棉花纤维进入管内。所以,有条件的单位可用螺旋塞或硅氧海棉塞代替棉塞,既可减少污染的危险,又可防止培养基干燥。若用棉塞,可用干净的纸(硫酸纸、牛皮纸均可)包扎好,也能适当起到减少污染、减慢培养基干燥的作用。同时菌种的移植转管次数不宜太多。用于保藏的培养基中琼脂数量可适当增加,以减少水分的蒸发。

(三)液体石蜡保藏法

本法是把液体石蜡灌注在菌种(菌丝体菌种)斜面上来保藏菌种。它使菌种与空气隔绝,抑制细胞代谢,同时防止培养基中水分的蒸发,可延长保藏时间。

1. **培养基** 选用综合马铃薯培养基。

2. **液体石蜡处理** 选用化学纯液体石蜡(要求不含水,

不霉变，比重为0.865～0.890）。分装于三角瓶中，装至瓶体的1/3处，塞好棉塞，0.098兆帕（1千克/厘米²）30分钟灭菌2～3次。放40℃恒温箱中数天，以蒸发其中水分，至石蜡油完全透明为止。

3. **接种培养** 按常规方法接种培养。

4. **灌注液体石蜡** 将菌种和无菌液体石蜡放入接种室，采用无菌操作方法把液体石蜡注入试管菌种中，注入量以高出培养基斜面顶端1厘米为宜（图4-2）。

5. **保藏** 室温或冰箱保藏均可，因注有液体石蜡，故必须竖直安放，保藏期间要定期检查，如发现培养基暴露于空气中，应及时添加无菌液体石蜡。

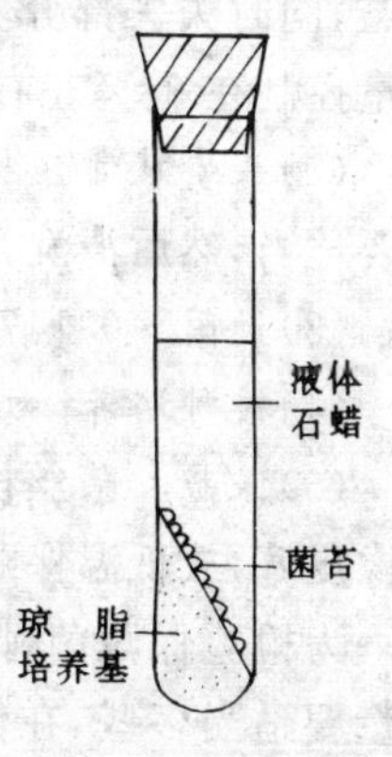

图4-2 液体石蜡保藏菌种

取用液体石蜡保藏的菌种时，不需要倒去石蜡，只要用接种针挑取一小块菌丝块至新的培养基上即可，原菌种可继续保藏。从液体石蜡中第一次移出的菌丝体，由于沾有较多的油，生长较弱，需要再转接一次才能恢复正常。

液体石蜡是易燃物，使用时要十分注意安全。

本法适用于不产生孢子的菌种，故几乎所有的食用菌菌丝体都可用此法保藏。其缺点是菌种必须竖直存放，占地方多，运输交换不便，棉塞易沾灰污染。因此，凡需要长期保藏的菌种试管，最好在注入液体石蜡后换用无菌橡皮塞，或将棉塞齐管口剪平，再用石蜡密封。

(四)自然基质保藏法

利用食用菌自然生长的基质作为保种用培养基来保藏菌种。常用的有发酵粪草、木屑基质和树枝木片等。

1. 发酵粪草保藏 采用经发酵的粪草作培养基质,接入待保藏的菌种,培养好后,放4℃冰箱或适温下保藏。以蘑菇为例介绍如下:

(1)*基质准备* 取蘑菇原种培养料晒干后去除粪块,将料草切成2厘米左右长,在清水中浸泡4~5小时,让料草充分浸透,同时失去部分养分,然后取出挤去多余的水,使料草含水量控制在68%左右。

(2)*基质装管* 将上述处理过的料草装入试管中,装料松紧要适当,然后清洗,塞棉塞。

(3)*灭菌* 0.147兆帕(1.5千克/厘米^2)2小时。

(4)*接种培养* 培养基质冷却后接种,25℃培养。

(5)*保藏* 菌丝长满基质后,用石蜡将棉塞涂封或换用无菌橡皮塞,放低温保藏。2年左右转接一次。

为检验保藏菌种的优良性状是否发生变异,保藏的菌种数量要适当多些,在使用前先取出一支作菌丝生长速度和出菇试验,以确保生产用种和保藏菌种的质量。

2. 木屑基质保藏 许多木腐类食用、药用菌都可用本法保藏。木屑基质为常规木屑麦麸(米糠)培养基,装入试管中,灭菌、接种、培养。待菌丝长好后,用石蜡涂封棉塞或换无菌橡皮塞,放低温保藏。

3. 枝条或木片保藏 选取直径1~1.2厘米的阔叶树枝条,截成1.5~2厘米,晒干备用。使用时将枝条浸泡在5%米糠水中,使枝条吸足水,以枝条中心有水痕为度;同时准备少许木屑米糠培养基，将枝条与木屑培养基以 3：1(体积比)混合均匀，装入试管或菌种瓶中，表面盖一薄层木屑培养基，压平，清洗，灭菌，冷却后接种，适温培养，待菌丝长满后放低温或常温保藏。

4. **麦粒保藏** 用麦粒做培养基来保藏菌种的方法。用来保藏菌种的麦粒含水量宜低，大约掌握在 25%，麦粒在灭菌后不能破裂。这样可使长入麦粒中的菌丝体在麦皮的保护及麦粒中水分的有限供给下适度生长，以延长保藏期。

(五)沙土管保藏法

这是用来保藏食用菌孢子的一种方法。利用孢子具有坚厚的细胞壁，对干燥有很强的抵抗力的原理，将食用菌孢子保藏在干燥的无菌砂土中的方法(图 4-3)。

所需保藏的菌类孢子可直接用干孢子，也可制成孢子悬浮液，加入预先处理过的沙土混合载体中，减压抽去水分后低温保藏。

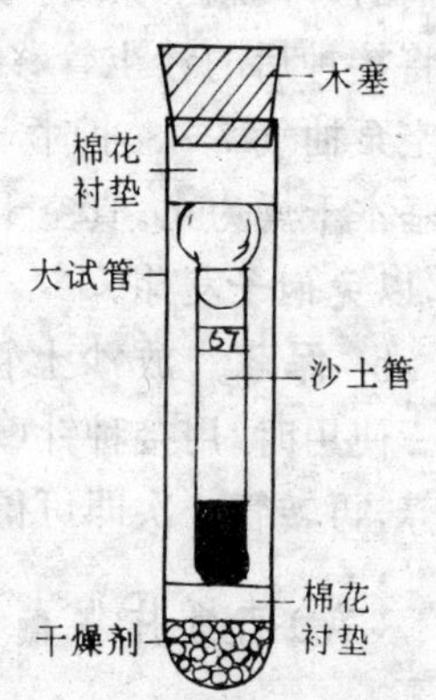

图 4-3 沙土管保藏菌种

1. **沙土要求及处理** 作保藏用的沙土要求不含草根、腐叶等物质，酸碱度中性。将黄沙用水浸泡洗涤数次，烘干，用孔径 0.25 毫米至 0.177 毫米(60～80 目)的钢丝筛除去粗粒，用磁铁吸去铁屑，再用 10%盐酸浸泡 2～4 小时，以除去其中的有机物质，用水充分淋洗，使成中性，备用。同时取 1 米以下的贫瘠土，用水浸泡数次，使呈中性，沉淀后弃去上清液，烘干碾细，用 100～120 目筛子过筛。

2. **沙土管制备** 将处理好的沙与土以 2～4∶1 的比例混合均匀，装入规格为 10 毫米×100 毫米的小试管或安瓿内，每管装量约 0.5 克，高度 0.5～1 厘米，加塞，0.147 兆帕（1.5 千克/厘米^2）30 分钟灭菌，连续 3 次，如用干热灭菌，则 160℃2～3 小时。无论用哪种方法灭菌，都要检查灭菌彻底后才能使用。方法是挑取少量经灭菌的沙土放入马铃薯葡萄糖琼脂培养基上培养，检查无菌后方可使用。

3. **接种** 沙土管保藏的接种方法有干接和湿接两种。干接法就是将孢子直接刮入沙土中混匀；湿接则是先将孢子制成悬浮液，然后用无菌移液管或滴管吸取孢子悬浮液，滴入沙土中，每管约 0.2 毫升。

4. **干燥** 采用干法接种的，带入的水分较少，可将接好种的沙土管直接放入盛有石灰或无水氯化钙、变色硅胶等干燥剂的广口瓶中保藏。采用湿法接种的，则需进行真空干燥，即将接种后的沙土管移入盛有干燥剂的真空干燥器内，接上真空泵抽气 7～8 小时，若沙土还未干燥，可再行抽气，直至沙土基本干燥为止。真空干燥操作需在孢子接入后 48 小时内完成，以免孢子发芽。

5. **保藏** 放沙土管在低温下保藏，时间可长达 2～10 年。使用时，用接种针（环）沾取少许沙土，接入新鲜培养基上培养，再转管 1 次即可得到所需的菌种。

（六）滤纸片保藏法

让食用菌孢子自然弹射在无菌滤纸上，然后将滤纸无菌密封保存于低温下。

1. **滤纸片准备** 取白色（收集深色孢子）或黑色（收集白色孢子）滤纸，切成一定大小，如 4 厘米×0.8 厘米、3 厘米×

0.6 厘米等的小条，平铺在培养皿或三角瓶中，用纸包或塞棉塞，0.098 兆帕(1 千克/厘米^2)30 分钟灭菌。

2. 采收孢子 以整菇插种法或钩悬法采收孢子，孢子自然落在滤纸条上。

3. 保藏管制备 将载有孢子的滤纸片放入保藏试管中，然后将该保藏试管放在干燥器中 1～2 天，以除去滤纸片中的水分(滤纸片含水量为 2%)，低温保藏。

4. 复苏培养 需使用保藏的孢子时，无菌操作取滤纸条一片，将有孢子的一面贴在培养基上，或用接种针、铲刮取少许孢子涂抹在培养基上，适温培养 7～12 天，可观察到萌发菌丝的情况。

(七)生理盐水保藏法

用无菌生理盐水(0.7%～0.9%氯化钠溶液)来保藏菌丝球或孢子。

1. 培养菌丝球 将待保藏的菌种接入马铃薯葡萄糖液体培养基中，适温振荡培养 5～7 天。培养基装量为 250 毫升三角瓶装 60～80 毫升培养基。

2. 生理盐水制备 称取分析纯氯化钠 0.7～0.9 克，放入 100 毫升蒸馏水中，充分搅拌，分装试管，每管 5～10 毫升，0.098 兆帕(1 千克/厘米^2)30 分钟灭菌。

3. 接种保藏 无菌操作吸取少许菌丝球入上述管中，塞上无菌橡皮塞，再用石蜡涂封，室温或 4℃保藏。

(八)蒸馏水保藏法

1. 菌种制备 按常规制备母种。

2. 制备无菌蒸馏水 将蒸馏水分装入管或瓶，0.098 兆帕(1千克/厘米^2)30分钟灭菌备用。

3. 注水保藏 在待保藏的试管菌种中注入无菌蒸馏水，加水量以高出斜面培养基顶端1～2厘米为宜，换用无菌橡皮塞，室温或4℃保藏，保藏过程中要注意及时补充水分。

第五章 食用菌菌种选育

菌种是从事食用菌生产与研究的根本，菌种性状的优劣对生产与科研有直接的影响。生物都具有变异和遗传的两重性。所谓遗传是指下一代与上一代性状的一致性；而变异则是指性状的改变，变异是自然界的普遍规律之一，任何生物的任何性状都会发生变异。菌种选育工作的目的就是通过各种手段，一方面要打破遗传的保守性，促成性状的变异；同时又要通过选择，把有益的变异传递给下一代，这样才能不断选育出高产优质抗逆性强的菌株来。

菌种与品种是两个不同的概念。品种是在遗传性状上具有相对稳定性和一致性的栽培群体，如香菇品种7402，CR02，香融1等，长出的是香菇。蘑菇品种176，152，111等，长出的是蘑菇。菌种简单地说则是指食用菌传宗接代的种子。就食用菌本身来说，用来传宗接代的实体是菌丝体，菌丝体要求一定的存活(休眠)条件，在野生环境下，食用菌的生活环境就具备这种条件，而在人工培育时，则以培养基代替之，因而在生产过程中，习惯上将菌丝体连同其生长的培养基一起叫菌种。

一个优良品种是通过自然选育、诱变、杂交、转化等手段选育得到的，而菌种则是利用某个品种的组织、孢子、培养基质进行分离繁殖得到具有本品种遗传特性的培养物，因此，品种与菌种是既有区别又相互密切相关。优良品种的优良性状，只有通过优良菌种在适宜的环境条件下栽培才能得到表现，如果有了优良品种而不注意菌种的繁育，品种的优良性状会退化甚至丧失。

种质资源又称品种资源，是自然界中含有各种不同遗传物质的包括野生和栽培类型的资源，它是育种工作的物质基础，是育种的原始材料，一定要注意收集和保护。

食用菌菌种的选育手段，主要有自然选育、诱变育种、杂交育种、基因工程育种。

一、自然选育

又称引种驯化。在自然界里，各种自然条件对生物体都有一种适者生存、去劣存优的选择作用，这就促使人们利用这一特性人为地去控制生物的生殖，使生物的生殖不是随机进行，而是有选择地进行，从而累积并利用在自然条件下发生的有益变异。这样，经过长期的去劣存优的选择作用，不断淘汰那些不符合人类需要的个体，保留那些符合人类需要的个体。

虽然自然选育可以培养出新品种，但它的效果是相对的，有条件的。首先必须根据遗传的变异进行选择；其次，由于自然选育不能改变个体的基因型，所以自然选育中得到好的结果，除了注意选择和利用现有品种中产生了明显的有益变异的个体外，更主要的是要广泛收集不同地域、不同生态型的菌株，以便从大量的菌株中进行比较，去劣存优，选出符合人们需要的新品种。

（一）收集品种资源

1. 栽培种的收集 可根据需要向国内外亲朋好友引进所需品种。

2. 野生种的采集 根据各种食用菌的特点及选种目标来确定采种目标。如是香菇，要选菇体较厚、菌盖较大、菇形圆整的野生菇；如是以出菇温型为目标的，应到相应的纬度或海拔地区采种。

不同菌株采集点的地理条件应有明显差异。有的野生木腐菌不仅是同一树桩上的子实体，甚至同一林地几十米至几百米距离内的子实体都有可能是同一子实体的孢子多年传播的结果。因此，两个采集点之间的距离要尽可能远些，同时在选择采集点时要充分利用不同的地形、地势。

为了便于以后对品种资源进行综合分析，采集时要详细记载有关的情况，如时间、地点、海拔、坡向、土质、树种、荫蔽度等。

（二）纯菌种分离

采集到菇（耳）或基质后，要立即进行分离，根据具体情况可作组织分离、基质分离或孢子分离。

（三）生理生化性能测定

为避免浪费人力物力，提高效率，对分离得到的菌株进行生理生化性能测定，以淘汰重复菌株，如拮抗试验（对峙反应）、同工酶、菌丝生长速度、羧甲基纤维素酶活性等。

1. 拮抗试验 把分离得到的菌株每两两作拮抗试验，同一平板（或斜面）培养基上两菌株间没有拮抗线，说明是相同的来源，再和其他菌株作拮抗，直到筛选出不同的菌株（图 5-1）。

2. 酯酶同工酶 按莽克强先生等所著《聚丙烯酰胺凝胶电泳》一书介绍的方法，采用垂直板聚丙烯酰胺凝胶电泳系统。浓缩胶用氢离子浓度 199.5 纳摩/升(pH6.7)三羟甲基氨基甲烷-盐酸配制，分离胶用氢离子浓度 1.59 纳摩/升(pH8.9)的三羟甲基氨基甲烷-盐酸配制成 7.5%。电极缓冲液为氢离子浓度 5.01 纳摩/升(pH8.3)的三羟甲基氨基甲烷-甘氨酸，点样 40 微升。80 伏电泳 40 分钟后，稳压 160 伏电泳 2.5 小时。取下胶板染色。染色方法如下：称取坚牢蓝(RR)160 毫克，α-萘酯和 β-萘酯各 38 毫克，溶于 3 毫升丙酮中，再用 0.1 摩/升氢离子浓度 1000 纳摩/升(pH6)磷酸缓冲液 80 毫升溶解，将胶板放入染色，直至谱带清晰，用 7%冰醋酸固定。

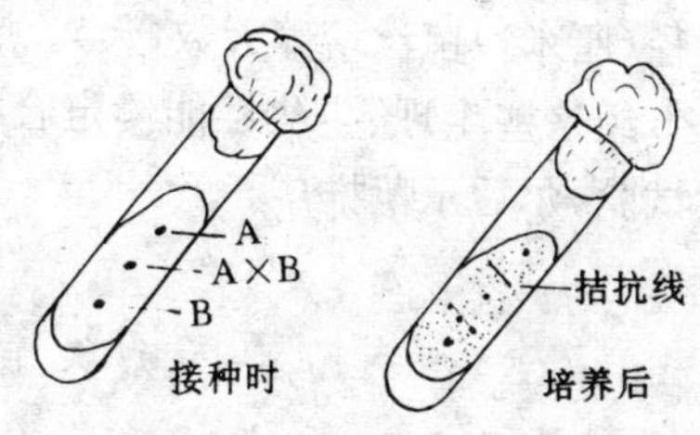

图 5-1 三点拮抗试验

3. 菌丝生长速度测定 在定量的马铃薯葡萄糖琼脂培养基平板上，定量接种菌龄一致的待测菌丝体，重复 3 次，适温培养，精确测量菌落半径，计算。菌丝生长速度(厘米/天)＝菌落半径(厘米)/菌落生长天数。

4. 羧甲基纤维素酶活性测定 在定量的羧甲基纤维素钠培养基上，定量接种菌龄一致的待测菌丝体，3 次重复，适温培养数天后(根据菌丝生长速度而定)用以下方法染色：

0.2%刚果红染液染色 30 分钟倒去染液，用 1 摩/升氯化钠染色 15 分钟倒去氯化钠，再用 1 摩/升盐酸染色 15 分钟倒去盐酸，在培养基上会出现大小不同的透明圈。精确测量透明圈半径，计算。羧甲基纤维素酶相对活性(厘米/天)＝透明圈半径(厘米)/菌丝培养天数(天)。

经这些生理、生化性能测定合格者，再进行出菇试验，扩大试验，尔后示范推广。

二、诱变育种

诱变育种是利用物理或化学因素处理细胞群体(孢子、菌丝、原生质体)，促使其中少数细胞遗传物质的分子结构发生改变，从而引起其遗传性状的变异，然后从变异的细胞中选出具有优良性状的菌株。

常用的诱变因素有：属物理因素的有紫外线、X 射线、γ 射线、快中子、超声波、激光等；属化学因素的有氮芥、硫酸二乙酯、2-氨基嘌呤、亚硝基胍等。现以紫外线与硫酸二乙酯诱变处理为例简介诱变的方法。

(一)紫外线诱变育种

1. 准备孢子悬浮液 取新采收的无菌孢子，放入装有生理盐水的三角瓶中(瓶中可放少量玻璃球)，摇荡，使孢子分散。孢子液浓度以每毫升含孢子 10^7～10^9 为宜。

2. 诱变处理 处理要放在能遮光的箱中，箱内顶部装 15 瓦紫外线灯管。把孢子液放在培养皿底内(培养皿底部要平)，盖好盖，培养皿距灯管 30 厘米，处理前先开灯 30 分钟左右，使波长稳定，然后打开皿盖，照射时间为 0.5～4 分钟(由于各种菌类的孢子不同，照射时间也应有所不同)，选定对孢子杀伤率在 90%～99%的适当处理时间。照射结束盖上皿盖，稀释，然后取稀释液 0.1 毫升涂平板，适温黑暗培养，待长出星芒状菌落后立即挑出，供进一步试验用。

（二）硫酸二乙酯诱变处理

硫酸二乙酯属烷化剂，对人体有毒，使用时要注意安全。

1. **准备孢子悬浮液** 同前。

2. **诱变处理** 取硫酸二乙酯原液 2 毫升，加乙醇 2 毫升溶解，吸取 0.4 毫升硫酸二乙酯溶液放入 20 毫升孢子悬浮液中，让其作用。作用时间，至数小时不等，选出孢子杀伤率在 90%以上的适当处理时间，采用大量稀释法中止反应。最后取 0.1 毫升涂平板或斜面，适温培养，挑出星芒状菌落作进一步试验。

三、杂交育种

杂交是指不同遗传类型之间的交配，使遗传基因重新组合，创造出兼有双亲优点的新类型，从而选育出具有生产价值的优良品种。可以进行种内杂交，也可以作种间杂交，但无论是哪种杂交，究其本质都是遗传物质在细胞水平上的重组过程。

（一）杂交方式

1. **单孢杂交** 不同遗传类型的单核菌丝之间的交配。

2. **多孢杂交** 不同遗传类型的多孢混合杂交。

3. **单双核杂交** 单核菌丝与另一种不同遗传类型的双核菌丝间杂交。

4. 原生质体融合 不同遗传类型的原生质体通过化学融合剂或电融合。

5. 单核或同核原生质体杂交 不同遗传类型的单核(同核)原生质体间杂交。

(二)亲本选择

应了解亲本的所有性状,如来源、温型、产量、品质、抗逆性等,并作好记录。

应有明确的育种目标,而且目标要切合实际,如果要求同时具备高产、优质、抗病性强、耐高温等等多种目标,那是很难达到的。

根据育种目标选择合适的亲本,一般情况下,两亲本的优良性状能够互补。

最好能找出亲本的遗传标记,这样育出的杂交后代可靠且有说服力,如用产量的高低、颜色的深浅等来鉴别也是可以的,但这只能作为辅助手段,因为这些因素受环境条件的影响很大,不能作为主要依据。

这方面,在一些科研单位和大专院校中都用营养缺陷型、抗药性等作标记,如两个亲本经试验后知道甲菌具抗A药物的特性,乙菌具抗B药物的特性,杂交后的杂种后代经过验证具有抗A,B两种药物的特性,这就证明这个菌株是经过杂交重组后的杂种后代。这样的做法工作量大,花的费用多,而且两亲本一般都要经过诱变处理,在诱变处理过程中很多好的栽培性状容易改变甚至丧失。

上海农科院食用菌研究所大胆提出了一个新的标记方法,就是利用单核菌丝杂交可以形成双核菌丝,双核菌丝具有锁状联合的结构,而单核菌丝不具这种结构的特性来鉴定杂交菌株的方法，称自然标记法。这种标记方法有它的局限性，即只适用于异宗结合四极性的菇类。

(三)单孢杂交方法

1. 分离单孢 采集孢子，采用连续稀释法稀释孢子，以达到镜检每视野1～2个孢子为好；涂布平板、适温培养；挑取单个菌落，继续培养。

2. 单核菌丝鉴定

(1)海登海因氏(Heidenhain)铁矾苏木精染色法

①苏木精处理：取苏木精0.5克，溶于10毫升95%乙醇内，再加90毫升蒸馏水，用纱布扎住瓶口，置光亮处，3～4个月成熟后方能使用。氧化完成的苏木精呈酒红色。为防止苏木精过度氧化，可将苏木精溶于95%乙醇内配成原液，使用前加水稀释。如在乙醇中加少量甘油效果会更好。

②媒染液准备：这种染色法要用铁矾(硫酸铁铵)作媒染液。配方为铁矾2.5克，溶于100毫升蒸馏水中即成。

③褪色剂制备：将上述媒染液加水稀释一倍即可。

④铁矾苏木精染色步骤：将石蜡切片从二甲苯经各级乙醇到水，冲洗，媒染1～4小时，蒸馏水洗30分钟至1小时(中间换水1～2次)，在苏木精中染4小时，蒸馏水洗2～3次，用褪色剂处理至镜检细胞核清晰为止。

(2)锁状联合鉴定 取菌丝镜检，观察3～5个视野，以找不到锁状联合为准，确认为单核菌丝。

(3)出菇试验鉴定 利用单核菌丝不结实(不孕)的特性，相同条件下以双核菌丝作对照鉴定单核菌丝。

3. 杂交 采用两点接种法进行杂交，杂交可在平板上也可在试管内进行。方法是将两个不同亲本的单核菌丝分别接种在平板或试管斜面上，两点相距1厘米左右，适温培养，待两亲本菌丝生长相互接触后，注意观察交界处的菌丝状况，并挑取交界处菌丝入空白试管斜面，培养。镜检有无锁状联合，如有锁状联合说明已杂交上，留下作出菇筛选。

4. 初筛、复筛，中试推广 取有锁状联合的试管，扩制原种、栽培种，进行小面积出菇筛选，为初筛。把初筛中综合性状表现较好的菌株扩大面积进行复筛，选出优良菌株作中试推广。

（四）多孢杂交方法

1. 亲本孢子萌发时间测试 分别制备两亲本孢子悬浮液，同时分别接入培养基上，适温培养，定时观察孢子萌动情况，记录萌动时间。

2. 孢子杂交 根据亲本孢子萌动时间，同时（孢子萌动时间基本一致）或先后接入孢子液于同一试管斜面上，培养，当两亲本菌丝体接触，发生自然杂交。培养过程中经常检查，见有单菌落出现就挑出，接入马铃薯葡萄糖琼脂培养基上培养。

3. 拮抗试验 取杂交菌株与两亲本作3点拮抗试验，选取有2条拮抗线的菌株扩大培养，作初筛、复筛、中试推广。

（五）原生质体融合

所谓原生质体是细胞去除细胞壁后的细胞核和细胞质的部分（图5-2）。

原生质体融合则是把具有一定遗传标记的两种不同遗传类型的原生质体，通过细胞核和细胞质的融合，进行遗传重组成为新的类型的一种方法。它是生物技术领域的重大突破，它

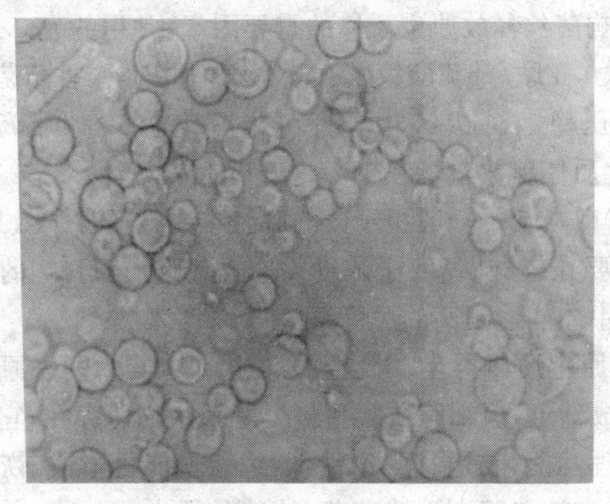

图 5-2　原生质体

为远缘杂交育种开辟了新的途径。

1. 原生质体制备

(1)*培养适龄的菌丝体*　可以用液体培养，也可用试管斜面培养，一般要求生长旺盛的幼嫩菌丝体。如香菇原生质体制备采用 25℃液体培养 4 天的菌丝体最佳。培养基以马铃薯葡萄糖酵母粉培养基为最好，不但菌丝生长良好，同时原生质体释放量也大。

(2)*酶系统与酶浓度选择*　真菌细胞壁的主要成分是纤维素、半纤维素和几丁质等多糖物质，合适的脱壁酶系统是这些多糖物质降解的关键，常用的有溶壁酶、脱壁酶、蜗牛酶等。中国科学院广东微生物研究所研制的脱壁酶具有较好的酶解效果，香菇菌丝体脱壁采用 1%脱壁酶，其原生质体释放量可达到 10^7/毫升以上。

(3)*渗透压稳定剂选择*　脱去细胞壁的原生质体必须在

相应的渗透压条件下才不至于破裂,因此,合适的渗透压稳定剂是影响菌丝释放原生质体的重要因素。常用的有0.6摩/升氯化钾、0.6摩/升硫酸镁及0.6摩/升甘露醇。香菇菌丝脱壁的渗透压稳定剂以0.6摩/升氯化钾或0.6摩/升硫酸镁为宜,原生质体释放量均在10^7/毫升以上。

(4)酸碱度　一般担子菌的脱壁在中性条件下效果最好,香菇则要在较酸[氢离子浓度100微摩/升(pH4)]的酶解反应系统中才能达到高的脱壁率。

2. **原生质体再生**　脱壁的原生质体虽然失去原有的形态而变成球形,但细胞质膜和整个基因团仍然存在,它具有原来的生理功能,在适宜的条件下,细胞壁能再形成,恢复为一个细胞,在培养基上形成菌落,这就是再生(图5-3)。再生培养基有麦芽糖10%,葡萄糖4%,酵母粉4%(MDY);麦芽糖10%,葡萄糖4%,酵母粉4%,菌丝提取液15%(MDYM);纤维二糖1.5%,蛋白胨0.2%,菌丝提取液20%。

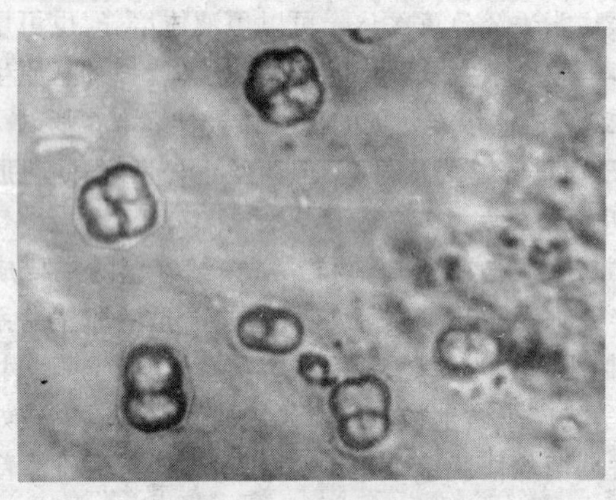

图5-3　原生质体融合

香菇原生质体再生方法：将制备好的原生质体经过滤和洗涤后，置于再生培养基 MDYM 中浅层培养(25℃)，2 天后把开始萌动的原生质体涂布在固体再生培养基表面，经 10～15 天后即开始出现微小的再生菌落，把这些菌落转移到马铃薯葡萄糖琼脂培养基上培养，10～14 天可长满斜面。再生率可达 10%左右，若采用再生培养基 MDY，则再生率只有 1%左右，说明不同营养成分对原生质体再生的影响。在再生培养中，渗透压稳定剂以蔗糖为好。

3. 原生质体融合(以香菇为例) 将两个单核亲本的原生质体以 1∶1 混合(每个亲本原生质体数目在 5×10^6/毫升以上)，混匀后缓慢加入等体积的聚乙二醇溶液[聚乙二醇 4000，30%，10 毫摩/升氯化钙，氢离子浓度 3163 纳摩/升(pH5.5)]，于 24℃静止 30 分钟，用 0.05 摩/升甘氨酸，50 毫摩/升氯化钙，氢离子浓度 0.316 纳摩/升(pH9.5)的缓冲液冲洗 2～3 次，稀释后取 0.1 毫升放入 0.5%软琼脂融合子再生培养基中，混匀后把它薄薄地铺在 1.5%琼脂的融合子再生培养基平板上，25℃培养。

4. 融合子的检出与鉴定 待培养基上出现肉眼可见的微小再生菌落时，将其分别转移到马铃薯葡萄糖琼脂斜面培养基上，镜检菌丝有无锁状联合。

融合子的鉴定可做以下试验：镜检有无锁状联合；融合子与亲本菌株的拮抗试验；酯酶同工酶谱；多酚氧化酶谱；DNA 扩增仪分析；出菇试验。

(六)单核和同核原生质体杂交方法

由于单核和同核原生质体是直接来源于营养菌丝，没有经过减数分裂的无性后代，所以这一材料为食用菌的遗传和育种研究提供了一个十分重要的基础材料。

单核和同核原生质体与孢子单核体相比，有它自己的特点：它是直接从菌丝体得到的；只存在两种交配型（亲本型 A_xB_x，A_yB_y）；在菌落形态、菌丝生长速度、羧甲基纤维素酶相对活性和酯酶同工酶这 4 种性状上，都具有相对的稳定性，变异范围小，亲本性状不易在单核原生质体中分散和稀释，这就可以使人们在一个比较小的变异范围内去选择具有亲本性状的单核体。单核原生质体的这一特点在食用菌菌种改良中具有重要意义，同时也为遗传育种中充分利用野生种质资源提供了一个十分光明的前景。

杂交的具体方法：同前法制备原生质体。分别取不同亲本的单核原生质体进行杂交（杂交方法同单孢杂交），得到杂交株后进行初筛、复筛，中试推广。

（七）单双核杂交方法

选用两个亲本，其中一个用其双核菌丝，另一个分离单核原生质体，在平板上先接种单核原生质体，待菌落长到 1 厘米左右时，相距 0.5～1 厘米处接种双核菌丝，适温培养。数天后，挑取单核菌丝一边少许菌丝镜检，如有锁状联合，说明已杂交成功，可行扩管培养，进行筛选。

四、基因工程育种

基因工程就是基因水平（分子水平）上的遗传工程。它是用人工方法把人们所需要的某一供体生物的遗传物质——脱氧核糖核酸（DNA）大分子提取出来，在离体条件下切割后，把它和作为载体的脱氧核糖核酸分子连接起来，然后导入某一受体细胞中，以让外来的遗传物质在其中“安家落户”，进行正常的复制和表达，从而获得符合人们预先设计要求的新物种。

基因工程主要包括以下步骤：准备材料，如“目的”基因、载体及工具酶等；体外重组；载体传递、复制表达。

基因工程育种在医、工、农方面有较多的研究，食用菌育种上研究甚少。

附　录

一、血球计数板及其使用

（一）血球计数板结构

血球计数板由一块比普通玻璃厚的载玻片制成。两边有两个突起的部分，在板的中央部分刻有400个小方格，小方格每边长0.05毫米，所以每小格的面积是0.0025平方毫米。加盖玻片后，这小方格的深度是0.1毫米，所以每小格形成一个容积为0.00025立方毫米的空间。它的容积，相当于1毫升的1/10 000。

血球计数板的刻度有两种：一种是16大格×25小格＝400小格；另一种是25大格×16小格＝400小格。总体积都是0.1立方毫米。只适用于在低倍镜和高倍镜下计数。

（二）操作方法

先制备孢子悬浮液，充分搅拌后立即吸取 1 滴置于血球计数板的中央部分，然后将盖玻片慢慢地由一边向另一边盖下，不能产生气泡，用手指轻轻压一下盖玻片的两边，使多余的菌液流入槽内，并使盖玻片与计数板完全密合，放在显微镜下计数。计数时先在低倍镜下找到血球计数板的格子，再转到高倍镜下计数。如用 16 大格×25 小格的计数板，只计板上 4 个角的 4 个大格（即 100 个小格）的孢子数；如果用的是 25 大格×16 小格的计数板，除计 4 个角上的 4 个大格外，还须统计中央一大格的孢子数（80 个小格）。

每个样品重复计数 3 次，取其平均值。按下列公式计算每毫升菌液内所含的孢子数。

16 大格×25 小格计数板的每毫升菌液中的孢子数＝（100 个小格内的孢子数/100）×400×10 000

25 大格×16 小格计数板的每毫升菌液中的孢子数＝（80 个小格内的孢子数/80）×400×10 000

如果孢子液太浓，可用水定量稀释后，用稀释液计数，然后乘上稀释倍数（插图 1）。

二、菌体大小测定方法

菌体大小的测量是研究微生物个体形态的一种方法。微生物的大小可以用目镜测微尺来测量。

目镜测微尺是一块圆玻片，玻片中央刻有毫米的等分线一条，测量时，将其放在接目镜的隔板上。目镜测微尺不直接量菌体，而是观测显微镜放大后的物像。不同显微镜的倍数，

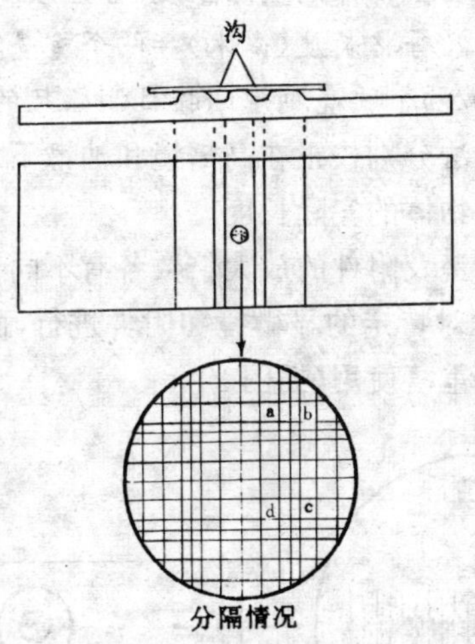

插图1　血球计数板

目镜测微尺刻度，实际代表的大小，在使用之前先用镜台测微尺（物镜测微尺）校正，求得在特定显微镜光学系统下目镜测微尺的每一刻度所实测的长度。

镜台测微尺是中央部分刻有精确等分线的载玻片，一般为1毫米等分100格，每格为10微米，是专为校正目镜测微尺刻度的间隔长度而用的。

目镜测微尺的校正：将目镜测微尺装入接目镜的隔板上，使刻度朝下。把镜台测微尺置于载物台上，使刻度朝上。先用低倍镜观察，对准焦距，看清镜台测微尺的刻度后，转动目镜，使目镜测微尺的刻度与镜台测微尺的刻度平行，移动推动器定值，使两尺重叠，再使两尺的“0”刻度重叠，定值后，仔细寻找两尺第二个重叠的刻度。计数两个重叠之间目镜测微尺的格数和镜台测微尺的格数。因为镜台测微尺的刻度是镜台上长度的实际度量。由下列公式可以标出所校正的目镜测微尺

每格所量的镜台上物体的实际长度(需连续观察3次):

目镜测微尺每格长度(微米)=两个重叠刻度间镜台测微尺的格数×10/两个重叠刻度间接目测微尺的格数

用同样方法分别校正在高倍镜和油镜下目镜测微尺各格所量的镜台上物体的实际长度。

每一显微镜及附件的放大倍数各有不同,因此,校正目镜测微尺必须针对特定的显微镜和附件进行,而且只能在这一特定的情况下重复使用(插图2)。

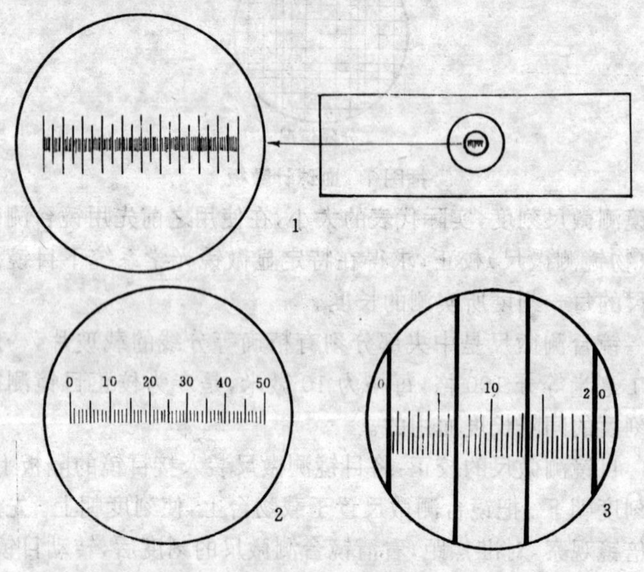

插图2 测微计

1.接物测微计及其中心部的放大 2.接目测微计 3.2的刻度和1相重叠的刻度

三、显微镜的结构与使用方法

显微镜是研究微观世界的工具，也是研究食用真菌的工具，许多肉眼看不见的东西要借助显微镜才能看清它们的真面目。常用的光学显微镜是利用透镜的放大作用，分辨力最大的光学显微镜只能放大 2 000 倍，可以分辨的物体不小于 0.2 微米。若以观察更小的物体就要利用电子显微镜，它可将物体放大 20 万～200 万倍。这里只介绍光学显微镜的结构及使用方法。

(一)显微镜的机械部分

包括镜座、镜臂、镜台、镜筒、换镜旋座、粗调与细调、载玻片移动夹等 7 个部件。

1. **镜座** 显微镜的基座。

2. **镜臂** 显微镜的支柱，所有机械部分都直接或间接地附着在它的上面，镜臂又是移动和携带的把手。

3. **镜筒** 镜筒上安装目镜，下安换镜旋座，形成接目镜与接物镜的暗室。镜筒可上下移动是利用粗细调节器控制的。接目镜可按需要的放大倍数调换。

4. **换镜旋座** 是由两个金属碟所合成的转盘装置。旋座上可安装 3～4 个接物镜。

5. **镜台** 方形或圆形，中央有一孔，为光线通路，在台上装有载玻片移动夹或一对弹簧夹，可固定或移动标本的位置。

6. **载玻片移动夹** 安装在镜台上，是移动标本的机械部分。

7. **粗调与细调(旋钮)** 粗调是移动镜筒，调节接物镜和标本间的距离；细调是在粗调的基础上得到最清晰的物像旋钮。

（二）显微镜的光学部分

包括聚光镜、反光镜、接目镜、接物镜等，使物体放大，形成可视物像。

1. **聚光镜** 在镜台下面，是由聚光镜和聚光镜升降轮组成。

2. **反光镜** 在聚光镜下面的反光镜，由一个平面和一个凹面的镜子组成。

3. **聚光镜光阑** 上装滤光片，根据需要调节光圈的大小。

4. **接物镜** 常用的显微镜装有低倍、高倍和油镜 3 个接物镜。

5. **接目镜** 装在镜筒上端，一般有 8 倍、10 倍、15 倍等几种。

（三）显微镜的使用方法

把显微镜放在平稳的桌面上，调节光线，使达到最均匀、最强的照明。将待观察的玻片标本放在镜台上，用载玻片移动夹把标本推移到接物镜镜头正下方就可观察。

1. **低倍镜观察** 将低倍镜转到镜筒下方，先调节粗调，发现视野中的观察物后改用细调，适当调节光线，使能清楚地看到观察物即可。

2. **高倍镜观察** 将高倍镜转到镜筒下方，用细调校正焦距，同时用载玻片移动夹校正观察部位，并调节聚光镜和光阑，直到观察物清晰可见为止（插图 3）。

四、自制恒温培养箱

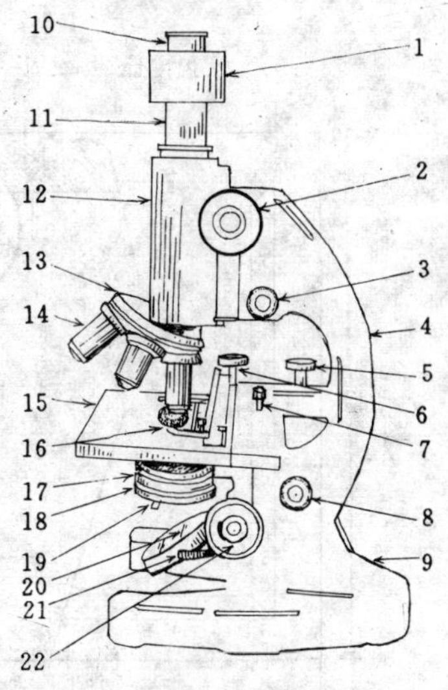

插图3　显微镜的外形及部件

1. 防光筒　2. 粗调　3. 细调　4. 镜臂　5. 镜台横向移动钮　6. 镜台前后移动钮　7. 机械镜台连接钮　8. 铰链　9. 镜座　10. 目镜　11. 抽筒　12. 镜筒　13. 换镜旋座　14. 物镜　15. 镜台　16. 载玻片移动夹　17. 台下聚光镜　18. 台下聚光镜光阑　19. 滤光片　20. 可翻转的反光镜　21. 反光镜支架　22. 聚光镜升降轮

自制恒温培养箱通常采用木质结构，箱体用双层木板，两层间空隙约5厘米为宜，填充石棉、泡沫塑料(碎)或短绒棉，也可用经过处理的稻壳、木屑等。箱内体积不宜过大，以45×45×70(厘米)为宜。共分3层：上两层各高25厘米，安放木条或钢筋制成的搁板；箱底为加热层，装上石棉板或其他绝缘防燃材料，绕上电热丝制成加热装置，也可用白炽灯泡加热(25～60瓦灯泡1只)，为避免灯泡强光影响菌丝生长，下面一层盘架上可垫一块白铁皮或硬纸板，以遮挡光线。箱顶中央留一个小孔，安放一支套有橡皮塞的温度计。在箱的右侧上方，安装自动控温仪、旋钮和刻度盘以及电源开关，用以调节温度。箱门亦为双层，上部装一小块玻璃以供观察(插图4)。

在没有电源的地方，可采用煤油灯加温。按前述方法制作双层木板的恒温箱，箱底开圆孔，以便通入灯罩，灯罩上套白

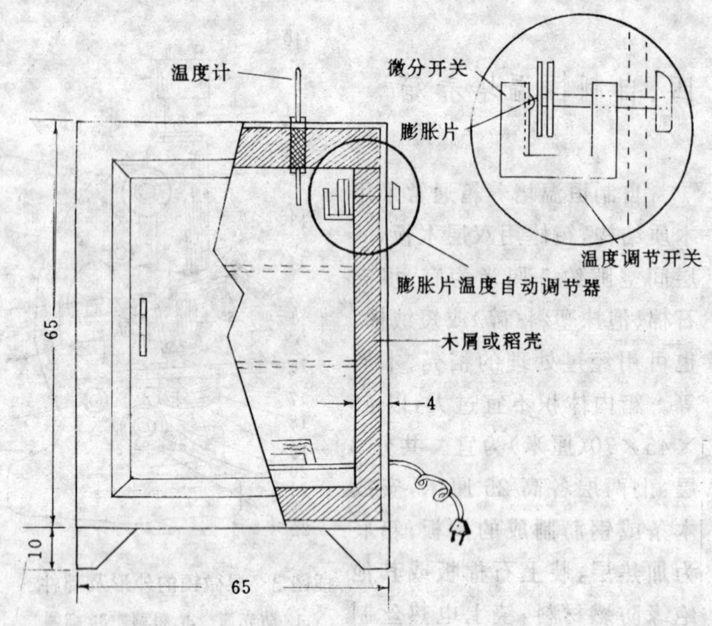

插图 4　自制电热恒温箱　(单位:厘米)

铁皮作散热筒,余热从箱顶排出。经多次调试,箱内温度可稳定在所需温度范围内,但箱内上下有一定温差,通常在 2～3℃之间。一个箱内体积 45×45×70(厘米)的恒温箱,24 小时耗煤油在 0.5 千克左右。

五、培养料含水量之一

附表3　培养料含水量之一

每100千克干料中加水量（升）	料水比（料：水）	含水量（%）	每100千克干料中加水量（升）	料水比（料：水）	含水量（%）
75	1：0.75	50.3	130	1：1.3	62.2
80	1：0.8	51.7	135	1：1.35	63.0
85	1：0.85	53.0	140	1：1.4	63.8
90	1：0.9	54.2	145	1：1.45	64.5
95	1：0.95	55.4	150	1：1.5	65.2
100	1：1.0	56.5	155	1：1.55	65.9
105	1：1.05	57.6	160	1：1.6	66.5
110	1：1.1	58.6	165	1：1.65	67.2
115	1：1.15	59.5	170	1：1.7	67.8
120	1：1.2	60.5	175	1：1.75	68.4
125	1：1.25	61.3	180	1：1.8	68.9

注：1. 风干培养料含结合水以13%计

2. 含水量测定方法：在一堆料中多点取样，混合均匀；先称好铝盒重量，然后加入上述混合样品10克；将铝盒开盖，放电热干燥箱（烘箱）中，105℃烘6小时，待温度降至60℃左右盖好盖子；烘干后称样；计算含水量。计算公式为：含水量（%）=（样品湿重－烘干后重）/样品湿重×100%

六、培养料含水量之二

附表 4　培养料含水量之二

要求达到的含水量(%)	每 100 千克干料应加的水量(升)	料水比(料：水)	要求达到的含水量(%)	每 100 千克干料应加的水量(升)	料水比(料：水)
50.0	74.0	1：0.74	58.0	107.1	1：1.07
50.5	75.8	1：0.76	58.5	109.6	1：1.10
51.0	77.6	1：0.78	59.0	112.2	1：1.12
51.5	79.4	1：0.79	59.5	114.8	1：1.15
52.0	81.3	1：0.81	60.0	117.5	1：1.18
52.5	83.2	1：0.83	60.5	120.3	1：1.20
53.0	85.1	1：0.85	61.5	123.1	1：1.23
53.5	87.1	1：0.87	61.5	126.0	1：1.26
54.0	89.1	1：0.89	62.0	128.9	1：1.29
54.5	91.2	1：0.91	62.5	132.0	1：1.32
55.0	93.3	1：0.93	63.0	135.1	1：1.35
55.5	95.5	1：0.96	63.5	138.4	1：1.38
56.0	97.7	1：0.98	64.0	141.7	1：1.42
56.5	100.0	1：1.1	64.5	145.1	1：1.45
57.0	102.3	1：1.02	65.0	148.6	1：1.49
57.5	104.7	1：1.05	65.5	152.2	1：1.52

注：1. 风干培养料含结合水以 13%计

2. 每 100 千克干料应加的水量计算公式为：每 100 千克干料应加的水量(升)＝(含水量－培养料结合水)/(1－含水量)×100%

七、我国主要农业区农业气象条件

附表5 我国主要农业区农业气象条件之一

（黑龙江、吉林、辽宁、内蒙古北部地区）

节气	交节日期	气候状况				
		气温（℃）			降水量（毫米）	不利气象条件
		平均	最高	最低		
立春	2月4日或5日	-18～-10	-12～-4	-24～-17	1～2	
雨水	2月19日或20日	-18～-10	-11～-5	-26～-17	1～5	
惊蛰	3月6日或5日	-12～-4	-5～-1	-18～-10	2～8	
春分	3月21日或20日	-6～2	3～7	-10～-3	3～12	
清明	4月5日或6日	2～8	11～15	-2～-1	6～15	
谷雨	4月20日或21日	4～10	13～16	0～-2	10～20	终霜（南部）
立夏	5月6日或5日	10～16	18～21	4～9	11～30	终霜（中部）
小满	5月21日或22日	14～16	19～20	10～11	20～70	终霜（北部）
芒种	6月6日或7日	18～20	23～25	11～15	30～70	
夏至	6月22日或21日	19～22	24～26	14～18	31～70	
小暑	7月7日或8日	20～24	26～27	15～20	40～110	暴雨、冰雹
大暑	7月23日或24日	22～25	27～29	18～21	40～90	暴雨、冰雹
立秋	8月8日或7日	22～26	27～30	18～23	40～150	暴雨、冰雹
处暑	8月23日或24日	20～24	26～27	15～18	20～120	暴雨、冰雹
白露	9月8日或9日	14～20	21～24	12～16	15～47	初霜（个别年份）
秋分	9月23日或24日	12～18	.20～23	7～10	15～40	初霜
寒露	10月8日或9日	6～10	13～15	0～5	3～20	
霜降	10月24日或23日	2～8	8～15	-3～3	1～20	
立冬	11月8日或7日	-8～-4	-2～6	-14～-4	1～20	
小雪	11月23日或22日	-16～-2	-8～-5	-22～-14	1～5	
大雪	12月7日或8日	-22～-10	-15～-6	-29～-13	1～5	
冬至	12月22日或23日	-26～-20	-22～-7	-31～-13	1～5	
小寒	1月6日或5日	-21～-12	-14～-8	-33～-18	1～4	
大寒	1月20日或21日	-26～-12	-13～-7	-34～-18	1～3	

附表 6　我国主要农业区农业气象条件之二

（河北、山西、陕西 3 省北部及内蒙古南部地区）

节气	交节日期	气候状况				
		气温（℃）			降水量（毫米）	不利气象条件
		平　均	最　高	最　低		
立春	2 月 4 日或 5 日	-14～-8	-6～-1	-21～-14	1～2	
雨水	2 月 19 日或 20 日	-12～-6	-2～0	-17～-14	1～3	
惊蛰	3 月 6 日或 5 日	-6～2	-3～8	-9～-7	1～2	
春分	3 月 21 日或 20 日	0～6	7～13	-6～-2.2	2～4	
清明	4 月 5 日或 6 日	6～9	15～18	0～2	5～10	
谷雨	4 月 20 日或 21 日	7～10	14～18	0～2.6	＞10	终霜（内蒙古）
立夏	5 月 6 日或 5 日	12～16	23～24	6～7	8～13	
小满	5 月 21 日或 22 日	14～18	23～26	8～9	15～30	
芒种	6 月 6 日或 7 日	18～20	27～27	12～13	6～30	
夏至	6 月 22 日或 21 日	20～22	27～27	13～15	20～80	
小暑	7 月 7 日或 8 日	22～24	28～32	15～18	40～80	冰雹
大暑	7 月 23 日或 24 日	23～24	29～30	18～19	40～80	冰雹
立秋	8 月 8 日或 7 日	23～25	27～29	18～19	30～70	冰雹
处暑	8 月 23 日或 24 日	20～21	27～27	14～16	30～50	
白露	9 月 8 日或 9 日	13～16	21～24	8～12	13～25	
秋分	9 月 23 日或 24 日	12～14	20～22	5～8	11～20	初霜（内蒙古）
寒露	10 月 8 日或 9 日	6～10	13～17	2～5	7～16	
霜降	10 月 24 日或 23 日	4～8	14～16	-1～1	＞2	
立冬	11 月 8 日或 7 日	-2～4	8～10	-6～-2	0～2	
小雪	11 月 23 日或 22 日	-6～0	-3～6	-12～-6	＞1	
大雪	12 月 7 日或 8 日	-21～-6	-6～0	-17～-11	＞1	
冬至	12 月 22 日或 23 日	-16～-8	-9～-1	-20～-14	＞2	
小寒	1 月 6 日或 5 日	-18～-10	-11～-4	-21～-15	＞1	
大寒	1 月 20 日或 21 日	-17～-10	-10～-5	-21～-17	＞1	

附表7 我国主要农业区农业气象条件之三

（山东、河南、河北南部、山西南部、陕西中部、江苏北部、安徽北部地区）

节气	交节日期	气候状况				
		气温（℃）			降水量（毫米）	不利气象条件
		平均	最高	最低		
立春	2月4日或5日	-6～0	1～7	-10～-3	2～10	
雨水	2月19日或20日	-4～2	1～6	-13～-5	5～20	
惊蛰	3月6日或5日	-2～4	2～9	-5～-1	3～13	
春分	3月21日或20日	4～8	7～14	-1～2	3～13	终霜(南部)
清明	4月5日或6日	10～14	14～25	2～8	5～25	终霜(中部)
谷雨	4月20日或21日	12～16	16～23	3～9	10～30	终霜(西、北部)
立夏	5月6日或5日	16～18	12～27	9～15	10～52	
小满	5月21日或22日	18～20	21～30	12～17	20～30	
芒种	6月6日或7日	20～24	22～31	13～19	11～30	
夏至	6月22日或21日	24～26	26～32	15～21	30～100	
小暑	7月7日或8日	24～26	26～33	19～22	50～110	暴雨、冰雹
大暑	7月23日或24日	26～28	28～34	18～24	50～120	暴雨、冰雹
立秋	8月8日或7日	26～28	29～33	20～25	40～90	暴雨、冰雹
处暑	8月23日或24日	24～26	28～32	16～23	40～70	
白露	9月8日或9日	20～24	27～29	14～19	15～70	
秋分	9月23日或24日	18～20	23～26	12～17	8～30	
寒露	10月8日或9日	10～16	16～24	5～12	6～20	初霜(北部)
霜降	10月24日或23日	8～14	16～21	1～12	6～16	初霜(南部)
立冬	11月8日或7日	4～12	12～17	-1～8	3～20	
小雪	11月23日或22日	-2～8	4～11	-6～3	3～18	
大雪	12月7日或8日	-6～2	-2～8	-10～2	1～10	
冬至	12月22日或23日	-8～2	-4～7	-12～-3	2～15	
小寒	1月6日或5日	-12～2	-4～6	-14～-5	1～7	
大寒	1月20日或21日	-12～-1	-5～3	-18～-5	2～7	

附表8 我国主要农业区农业气象条件之四

（江苏、安徽、浙江、湖北、湖南、江西及福建北部地区）

节气	交节日期	气候状况				
		气温（℃）			降水量（毫米）	不利气象条件
		平均	最高	最低		
立春	2月4日或5日	2～10	5～14	-5～2	10～70	
雨水	2月19日或20日	2～10	5～12	-1～6	30～80	
惊蛰	3月6日或5日	4～12	6～15	2～7	20～80	终霜（南部）
春分	3月21日或20日	8～16	11～22	5～10	20～100	终霜（中部）
清明	4月5日或6日	14～18	18～22	7～14	30～120	终霜（北部）
谷雨	4月20日或21日	14～18	19～21	7～14	40～150	
立夏	5月6日或5日	18～22	22～24	13～18	40～140	暴雨
小满	5月21日或22日	20～24	25～28	15～21	30～180	暴雨
芒种	6月6日或7日	22～26	26～30	18～23	40～200	暴雨
夏至	6月22日或21日	26～27	30～32	24～24	50～160	暴雨
小暑	7月7日或8日	26～30	30～35	22～26	50～120	暴雨
大暑	7月23日或24日	28～30	33～35	23～27	50～120	暴雨
立秋	8月8日或7日	28～30	31～36	22～26	40～125	台风、暴雨
处暑	8月23日或24日	26～28	30～33	20～25	35～152	台风、暴雨
白露	9月8日或9日	24～26	27～30	17～22	30～100	
秋分	9月23日或24日	21～26	25～28	15～22	30～60	
寒露	10月8日或9日	16～22	21～24	10～19	15～75	
霜降	10月24日或23日	16～18	21～23	7～15	20～50	
立冬	11月8日或7日	12～16	18～20	4～14	12～54	初霜（北部）
小雪	11月23日或22日	8～14	14～17	2～9	15～40	初霜（南部）
大雪	12月7日或8日	4～12	10～15	0～7	5～20	
冬至	12月22日或23日	2～10	8～13	-2～4	10～30	
小寒	1月6日或5日	-2～8	5～10	-5～3	5～30	
大寒	1月20日或21日	-1～8	3～10	-5～4	10～50	

附表 9　我国主要农业区农业气象条件之五

（四川、陕南地区）

节气	交节日期	气候状况				
		气温（℃）			降水量（毫米）	不利气象条件
		平均	最高	最低		
立春	2月4日或5日	4～10	7～17	3～7	5～10	
雨水	2月19日或20日	2～8.8	7～18	1～16	7～25	终霜(南部)
惊蛰	3月6日或5日	7～12	11～20	4～8	10～20	终霜(中部)
春分	3月21日或20日	10～15	16～22	7～12	10～27	终霜(北部)
清明	4月5日或6日	14～18	19～23	9～15	10～50	
谷雨	4月20日或21日	15～18	18～26	11～16	30～80	
立夏	5月6日或5日	18～21	23～26	13～19	40～60	暴雨、冰雹
小满	5月21日或22日	20～24	25～29	14～21	50～100	暴雨、冰雹
芒种	6月6日或7日	22～25	26～29	14～21	40～100	暴雨、冰雹
夏至	6月22日或21日	22～26	26～30	16～23	60～100	暴雨、冰雹
小暑	7月7日或8日	22～27	26～32	16～23	60～240	暴雨
大暑	7月23日或24日	24～28	27～33	17～25	50～270	暴雨
立秋	8月8日或7日	24～28	27～33	15～23	50～250	暴雨
处暑	8月23日或24日	23～27	23～32	15～23	10～220	
白露	9月8日或9日	20～24	23～29	15～21	40～110	
秋分	9月23日或24日	18～21	22～25	2～19	40～110	
寒露	10月8日或9日	14～18	19～21	12～16	21～72	
霜降	10月24日或23日	12～17	18～21	9～14	10～30	
立冬	11月8日或7日	10～15	17～21	8～14	5～30	
小雪	11月23日或22日	6～14	13～17	4～9	5～20	初霜(北部)
大雪	12月7日或8日	2～11	8～14	-2～7	5～10	初霜(中部)
冬至	12月22日或23日	2～8	8～12	-3～6	2～10	初霜(南部)
小寒	1月6日或5日	-2～7	3～10	-6～5	1～6	
大寒	1月20日或21日	-3～8	3～12	-6～6	2～10	

附表10 我国主要农业区农业气象条件之六

（福建南部、广东、广西地区）

节气	交节日期	气候状况				
		气温（℃）			降水量（毫米）	不利气象条件
		平均	最高	最低		
立春	2月4日或5日	10～16	14～24	7～13	20～40	终霜（北部）
雨水	2月19日或20日	8～14	12～21	5～10	20～60	
惊蛰	3月6日或5日	12～16	14～25	7～13	30～70	个别年份终霜
春分	3月21日或20日	14～20	17～27	11～16	30～100	
清明	4月5日或6日	18～20	20～26	14～18	30～100	
谷雨	4月20日或21日	18～22	20～30	14～20	60～100	
立夏	5月6日或5日	22～26	26～32	19～24	70～140	开始有暴雨汛期
小满	5月21日或22日	24～28	28～32	21～25	100～160	暴雨汛期
芒种	6月6日或7日	26～28	30～32	22～25	120～190	暴雨汛期
夏至	6月22日或21日	27～29	30～34	24～25	90～200	暴雨汛期
小暑	7月7日或8日	28±	31～34	24～26	70～180	台风
大暑	7月23日或24日	28±	31～35	25～26	90～240	台风
立秋	8月8日或7日	28±	30～34	24～25	70～160	台风
处暑	8月23日或24日	27～28	31～24	23～25	63～155	台风
白露	9月8日或9日	24～28	31～33	22～25	36～117	台风
秋分	9月23日或24日	22～28	30～32	21～25	20～100	
寒露	10月8日或9日	22～20	27～30	18～23	20～50	
霜降	10月24日或23日	18～24	24～28	14～20	18～25	
立冬	11月8日或7日	16～22	22～27	14～20	15～40	
小雪	11月23日或22日	14～20	18～23	9～15	15～30	
大雪	12月7日或8日	12～16	15～21	6～13	10～20	初霜（北部）
冬至	12月22日或23日	10～16	13～20	7～14	10～20	初霜（中部）
小寒	1月6日或5日	8～16	10～19	4～12	10～25	初霜、终霜（南部）
大寒	1月20日或21日	12～16	10～20	4～14	20～40	终霜（南部）

主要参考文献

1. 杨新美主编.《中国食用菌栽培学》.农业出版社,1988
2. 吕竹舟等.《食用菌生产技术手册》.农业出版社,1992
3. 应建浙等.《食用蘑菇》.科学出版社,1982
4. 陈士瑜.《食用菌生产大全》.农业出版社,1988
5. 贾耳茂.《食用菌制种技术》.中国林业出版社,1990
6. 杨庆尧.《食用菌生物学基础》.上海科技出版社,1981
7. 莽克强等.《聚丙烯酰胺凝胶电泳》.科学出版社,1974

培技术 5.00 元
中国黑木耳银耳代料栽培与加工 17.00 元
黑木耳代料栽培致富——黑龙江省林口县林口镇 8.00 元
致富一乡的双孢蘑菇产业——福建省龙海市角美镇 7.00 元
黑木耳标准化生产技术 7.00 元
食用菌病虫害防治 6.00 元
食用菌科学栽培指南 26.00 元
食用菌栽培手册(修订版) 19.50 元
食用菌高效栽培教材 5.00 元
图说鸡腿蘑高效栽培关键技术 10.50 元
图说毛木耳高效栽培关键技术 10.50 元
图说黑木耳高效栽培关键技术 13.00 元
图说金针菇高效栽培关键技术 8.50 元
图说食用菌制种关键技术 9.00 元
图说灵芝高效栽培关键技术 10.50 元
图说香菇花菇高效栽培关键技术 10.00 元
图说双孢蘑菇高效栽培关键技术 12.00 元
图说平菇高效栽培关键技术 13.00 元
图说滑菇高效栽培关键技术 10.00 元
滑菇标准化生产技术 6.00 元
新编食用菌病虫害防治技术 5.50 元
15 种名贵药用真菌栽培实用技术 6.00 元
地下害虫防治 6.50 元
怎样种好菜园(新编北方本修订版) 14.50 元
怎样种好菜园(南方本第二次修订版) 8.50 元
菜田农药安全合理使用 150 题 7.00 元
露地蔬菜高效栽培模式 9.00 元
图说蔬菜嫁接育苗技术 14.00 元
蔬菜贮运工培训教材 8.00 元
蔬菜生产手册 11.50 元
蔬菜栽培实用技术 20.50 元
蔬菜生产实用新技术 17.00 元
蔬菜嫁接栽培实用技术 10.00 元
蔬菜无土栽培技术操作规程 6.00 元
蔬菜调控与保鲜实用技术 18.50 元
蔬菜科学施肥 9.00 元
城郊农村如何发展蔬菜

业 6.50元
蔬菜规模化种植致富第一村——山东省寿光市三元朱村 10.00元
种菜关键技术121题 13.00元
菜田除草新技术 7.00元
蔬菜无土栽培新技术（修订版） 11.00元
无公害蔬菜栽培新技术 7.50元
长江流域冬季蔬菜栽培技术 10.00元
夏季绿叶蔬菜栽培技术 4.60元
四季叶菜生产技术160题 7.00元
蔬菜配方施肥120题 6.50元
绿叶菜类蔬菜园艺工培训教材 8.00元
绿叶蔬菜保护地栽培 4.50元
绿叶菜周年生产技术 12.00元
绿叶菜类蔬菜病虫害诊断与防治原色图谱 20.50元
绿叶菜类蔬菜良种引种指导 10.00元
绿叶菜病虫害及防治原色图册 16.00元
根菜类蔬菜周年生产技术 8.00元
绿叶菜类蔬菜制种技术 5.50元
蔬菜高产良种 4.80元
根菜类蔬菜良种引种指导 13.00元
新编蔬菜优质高产良种 12.50元
名特优瓜菜新品种及栽培 22.00元
稀特菜制种技术 5.50元
蔬菜育苗技术 4.00元
瓜类豆类蔬菜良种 7.00元
瓜类豆类蔬菜施肥技术 6.50元
瓜类蔬菜保护地嫁接栽培配套技术120题 6.50元
菜用豆类栽培 3.80元
食用豆类种植技术 19.00元
豆类蔬菜良种引种指导 11.00元
豆类蔬菜栽培技术 9.50元
豆类蔬菜周年生产技术 10.00元
豆类蔬菜病虫害诊断与防治原色图谱 24.00元
日光温室蔬菜根结线虫防治技术 4.00元
南方豆类蔬菜反季节栽培 7.00元
菜豆豇豆荷兰豆保护地栽培 5.00元
图说温室菜豆高效栽培关键技术 9.50元
黄花菜扁豆栽培技术 6.50元
番茄辣椒茄子良种 8.50元
蔬菜施肥技术问答(修订版) 5.50元
现代蔬菜灌溉技术 7.00元

日光温室蔬菜栽培 8.50 元
温室种菜难题解答(修订版) 10.50 元
温室种菜技术正误 100 题 10.00 元
蔬菜地膜覆盖栽培技术(第二次修订版) 4.50 元
塑料棚温室种菜新技术(修订版) 17.50 元
塑料大棚高产早熟种菜技术 4.50 元
大棚日光温室稀特菜栽培技术 10.00 元
日常温室蔬菜生理病害防治 200 题 8.00 元
新编棚室蔬菜病虫害防治 15.50 元
南方早春大棚蔬菜高效栽培实用技术 10.00 元
稀特菜保护地栽培 6.00 元
稀特菜周年生产技术 8.50 元
名优蔬菜反季节栽培(修订版) 22.00 元
名优蔬菜四季高效栽培技术 9.00 元
塑料棚温室蔬菜病虫害防治(第二版) 6.00 元
棚室蔬菜病虫害防治 4.50 元
北方日光温室建造及配套设施 6.50 元
南方蔬菜反季节栽培设施与建造 6.00 元
保护地设施类型与建造 9.00 元
两膜一苫拱棚种菜新技术 7.50 元
保护地蔬菜病虫害防治 11.50 元
保护地蔬菜生产经营 16.00 元
保护地蔬菜高效栽培模式 7.00 元
保护地甜瓜种植难题破解 100 法 8.00 元
保护地冬瓜瓠瓜种植难题破解 100 法 8.00 元
保护地害虫天敌的生产与应用 6.50 元
保护地西葫芦南瓜种植难题破解 100 法 8.00 元
保护地辣椒种植难题破解 100 法 8.00 元
保护地苦瓜丝瓜种植难题破解 100 法 10.00 元
蔬菜害虫生物防治 12.00 元
蔬菜病虫害诊断与防治图解口诀 14.00 元
新编蔬菜病虫害防治手册(第二版) 11.00 元
蔬菜优质高产栽培技术 120 问 6.00 元
商品蔬菜高效生产巧安排 4.00 元